Le monde des pavages

3e édition : les voir et les faire...

André DELEDICQ
Raoul RABA

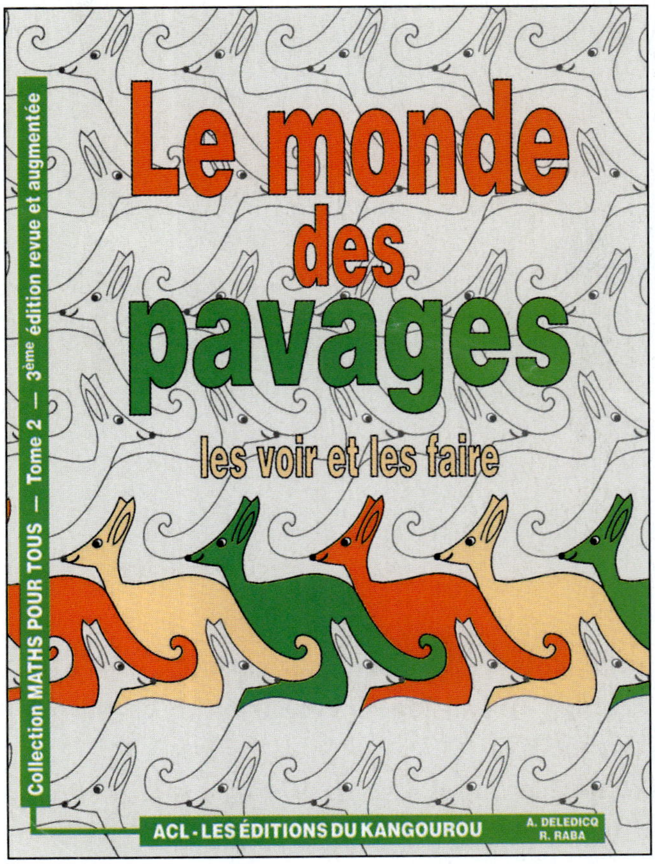

ACL - les Éditions du Kangourou

Voici des pavages inventés par des enfants de 9 à 99 ans…

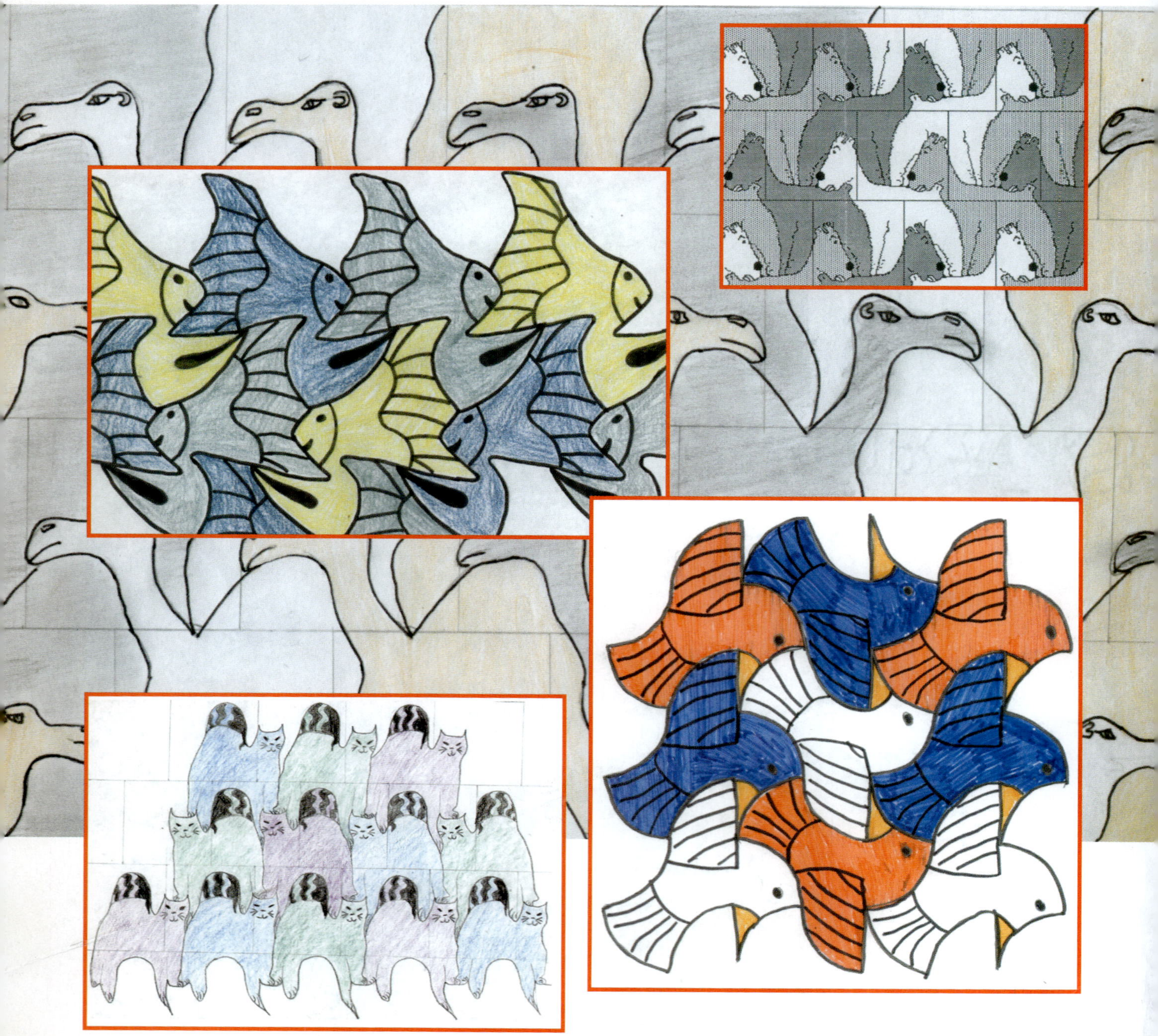

… pour en faire vous aussi, voir les “Fiches-fabrication“, pages 6 à 21

… pour apprendre à regarder un pavage, le comprendre et l’apprivoiser, page 22

… pour connaître tous les pavages (17), pages 25 à 43

… pour approfondir quelques exemples particuliers, pages 44 à 63.

---

12 rue de l’épée de bois 75005 Paris

Avril 2002
ISBN : 2-87694-048-5
Imprimé en France par Corlet imprimeur

Sommaire

Mosaïque de la salle des Deux Sœurs à l'Alhambra de Grenade

Les transformations

Les symétries de notre monde affolent notre intelligence, jouent avec malice de notre esthétique et de notre esprit de finesse comme de notre esprit de géométrie… car le monde des symétries est un monde mathématique.

Voyez par exemple (page 3) les décorations murales de l'Alhambra de Grenade, le rouge palais du XIVe siècle restauré au début du siècle pour y retrouver tous les pavages du monde.

En fait, tous ceux qui ont commencé à s'intéresser aux pavages se sont retrouvés “piégés” : ils ont regardé, ils ont compris certaines choses, ils ont pris leurs crayons, leurs ciseaux ou leur ordinateur, ils ont essayé, ils se sont émerveillés de leurs propres créations ou de l'immensité des variations possibles, et ils se sont retrouvés pris par la passion…

Nombreux sont donc les livres sur le sujet.

Pour notre part, nous avons étudié avec profit et apprécié les quelques-uns ci-dessous. En particulier, le premier d'entre eux, qui donne les bonnes techniques de dessins aidés par ordinateur.

- **P. Jullien, *Dessins, groupes et ordinateurs*, Irem de Grenoble et LA 7, 1978**
- **M. P. Collonge & F. Tréhard, *Mosaïque et isométrie*, CEDIC, Paris 1982**
- **F. J. Budden, *La fascination des groupes*, OCDL, Paris, 1976**
- **H. S. M. Coxeter, *Introduction to geometry*, John Wiley and sons, 1961**
- **H. S. M. Coxeter & W. O. J. Moser, *Generators and relations for discrete groups*, Springer Berlin, 1965**
- **B. Grünbaum & G. C. Shephard, *Tilings and patterns*, Freeman, New-York, 1987**
- **Ch. Leger, *Ornementations*, Irem de Paris, 1979**

Tous les livres de (et sur) M. C. Escher sont intéressants. Citons-en un seul :

- **Doris Schattschneider, *Visions*, Éditions du Seuil, Paris, 1992.**

En octobre 1872, un jeune allemand de 23 ans monte à la tribune du grand amphithéâtre de l'université d'Erlangen. Il est quelque peu intimidé de devoir prononcer son discours inaugural de nouveau professeur devant un parterre de doctes mathématiciens. Au quatrième rang sur la gauche il aperçoit son ami Sophus Lie qui le gratifie d'un clin d'œil encourageant ; Felix Klein énonce alors le titre de sa conférence : ***Considérations comparatives sur les recherches géométriques modernes***. Dès les premières phrases,

il capte l'attention de son auditoire, puis se plonge avec passion dans son sujet et lit d'un ton enthousiaste les cinquante pages dont il avait tant discuté avec ses professeurs et ses amis.

Et ce fut le plus fantastique discours sur la géométrie qu'on ait jamais composé. Depuis Euclide, rien d'aussi révolutionnaire n'avait été imaginé ; Euclide s'intéressait aux **objets**, plans, points, droites, cercles,

triangles, polygones, …, Klein décide de porter son attention sur les **transformations** qui les déplacent et qui les métamorphosent dans le plan…

Cette idée avait été préparée par les géomètres du XIXe siècle qui avaient découvert et développé des géométries plus ou moins non euclidiennes ; Felix Klein, lui, a su expliquer comment toutes ces géométries s'organisent grâce aux **groupes** de transformations susceptibles d'agir sur leurs caractéristiques.

Évidemment, le discours de Klein n'est pas facile à comprendre, même pour un mathématicien professionnel, mais les idées de base sont très simples. Ce sont elles qui se cachent sous la beauté des dessins de cet ouvrage…

géométriques du plan

Les principaux acteurs de cet ouvrage sont des transformations géométriques du plan qui "conservent" les distances. Ce sont les suivantes :

(On trouvera résumé ce qu'il vaut mieux savoir sur ces quatre transformations, page 24, sous le titre "Les isométries du plan : définitions et théorèmes utiles").

TRANSLATION

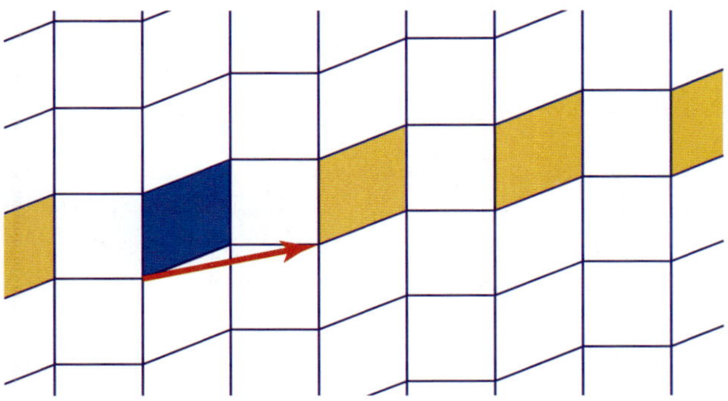

RÉFLEXION

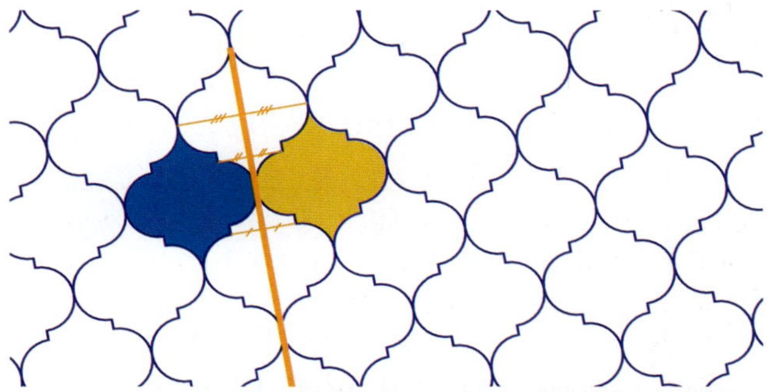

appelée aussi symétrie axiale

ROTATION

1/2-tour, appelé aussi symétrie centrale

GLISSAGE

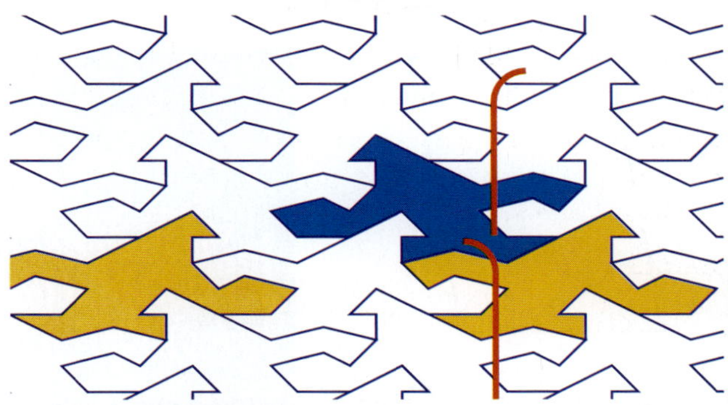

Cette transformation est une translation suivie ou précédée d'une réflexion d'axe parallèle au vecteur de translation. On l'appelle aussi "vissage".

1/3-tour, ...

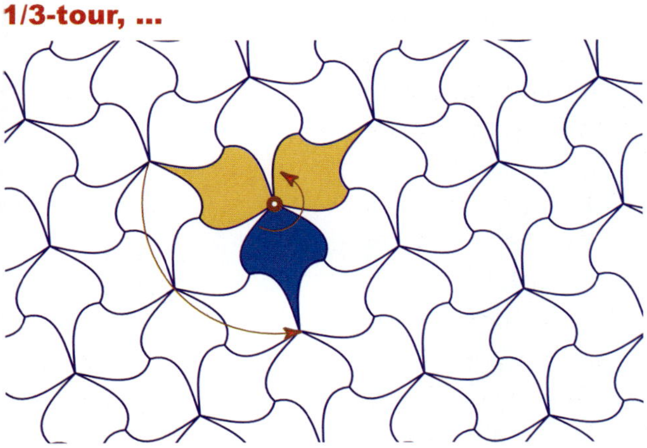

La répétition de telles transformations sur des "figures", de formes plus ou moins bizarres, nous intéressent ici ; surtout lorsqu'elles "pavent" le plan sans "trous", ni "recouvrement"...

Précisément, ce livre étudie les dessins que deux translations indépendantes laissent invariants (on les appelle parfois des **PAVAGES RÉGULIERS**).

Comment réaliser un pavage ?

Dix fiches fabrication

Il existe des techniques de réalisation très simples pour les débutants en pavages figuratifs.
Nous en donnons, ici, dix, dont la mise en œuvre est littéralement “enfantine”.
Pour les plus mordus, nous conseillons le livre de Raoul Raba, Zoo mathématique (voir p. 64), à la fois très beau et exhaustif sur le sujet.

FICHE 1

La déformation du parallélogramme

La technique la plus évidente consiste, à partir d’un pavage existant, à le déformer en essayant d’y introduire des formes que l’on voudrait voir apparaître dans le dessin final. En voici deux exemples dérivés d’un pavage de parallélogrammes de type R0 (voir page 26) ; le dessin de gauche aboutit à une forme compliquée non figurative, celui de droite, à la tête d’un mouton.

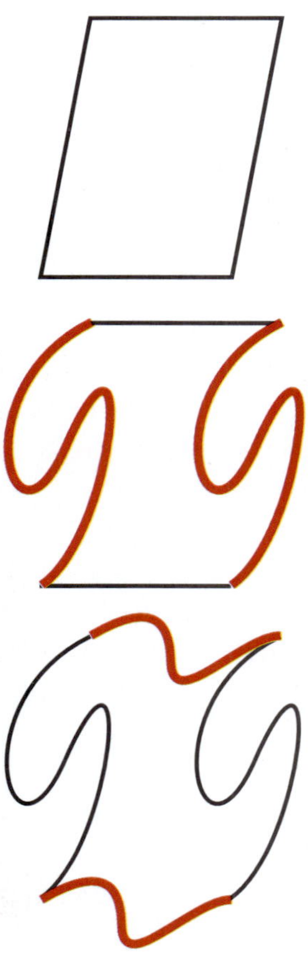

1. Dessiner un parallélogramme.

2. Déformer l’un des côtés du parallélogramme et déformez “parallèlement” le côté opposé… …en essayant de faire apparaître une forme intéressante

3. Déformer alors de même les autres côtés opposés du parallélogramme (ou bien seulement une partie de ses côtés si la première déformation est venue empiéter dessus).

4. Dessiner l’intérieur et colorier.

5. Répéter dans les deux directions du plan le pavé ainsi obtenu.

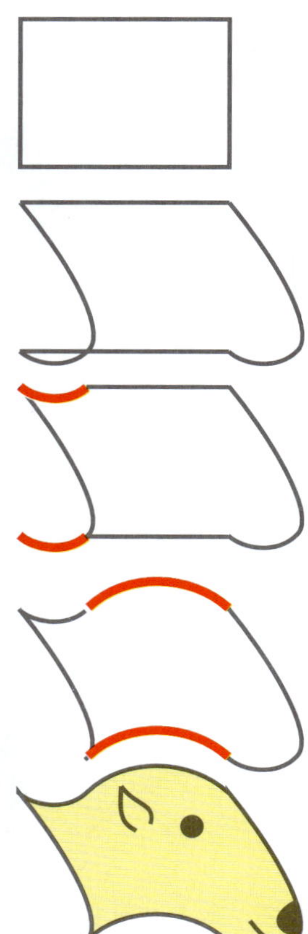

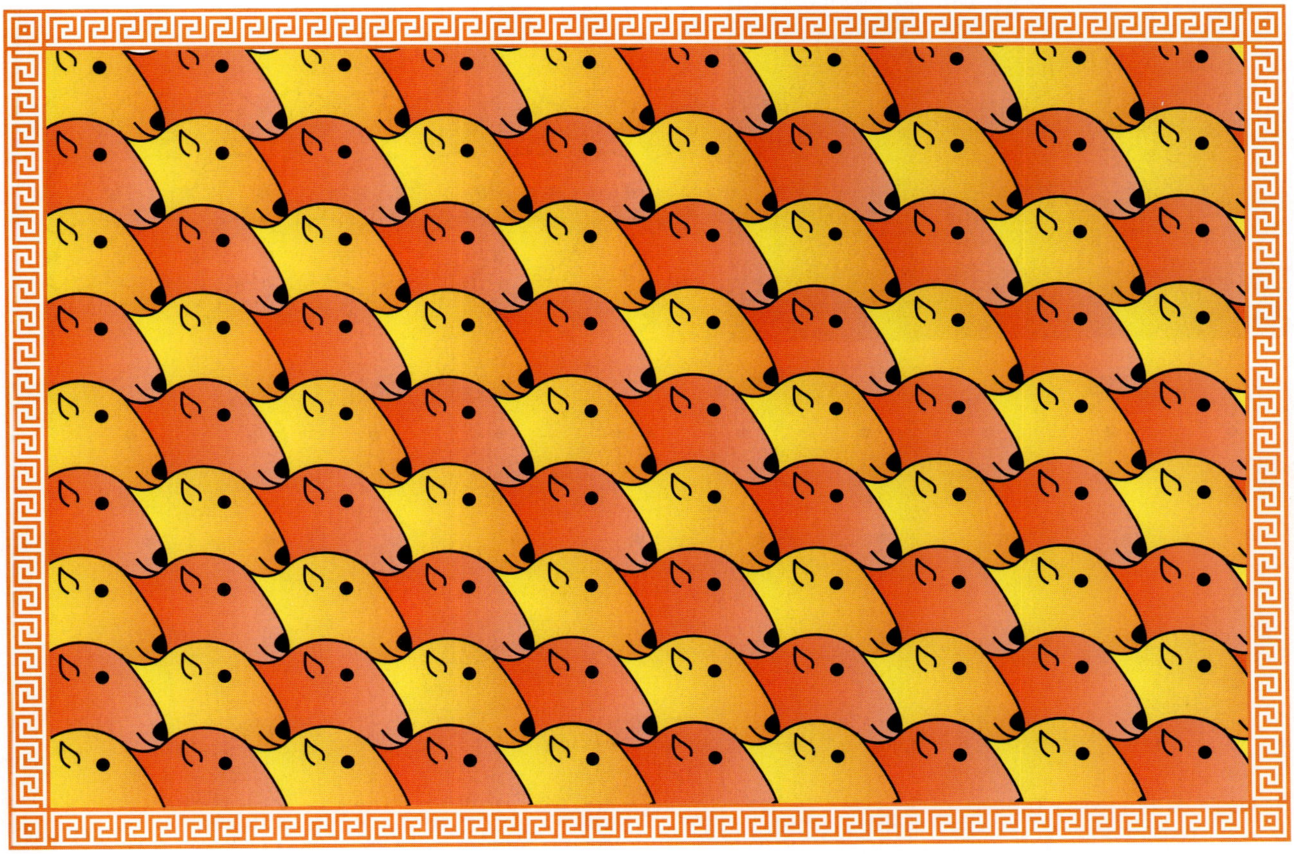

FICHE 2

La variante des bandes

Voici une technique proche de la précédente mais qui aide mieux l'imagination en évitant de focaliser son attention sur les côtés du parallélogramme (par exemple, à l'étape 5, pour le choix du point P, intérieur au parallélogramme ABXD, et aussi pour le choix de la courbe PA).

1. Dessiner une bande formée de deux droites parallèles.

2. Choisir deux points A et B sur D et les joindre par une courbe (C).

3. Reporter la courbe (C) par la translation de vecteur $\overrightarrow{AB}$.

4. Choisir un point D sur l'autre droite et dessiner l'image de la courbe par la translation de vecteur $\overrightarrow{AD}$.

5. Choisir un point P sur cette nouvelle courbe et dessiner une courbe joignant A à P.

6. La reproduire par la translation de vecteur $\overrightarrow{AB}$.

7. Reproduire la bande obtenue par la translation de vecteur $\overrightarrow{AD}$ et colorier.

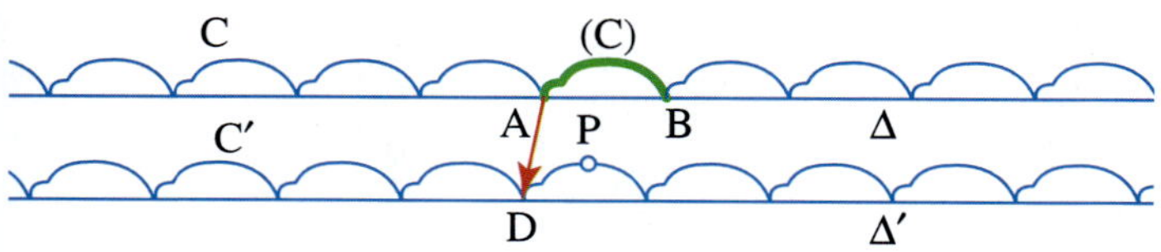

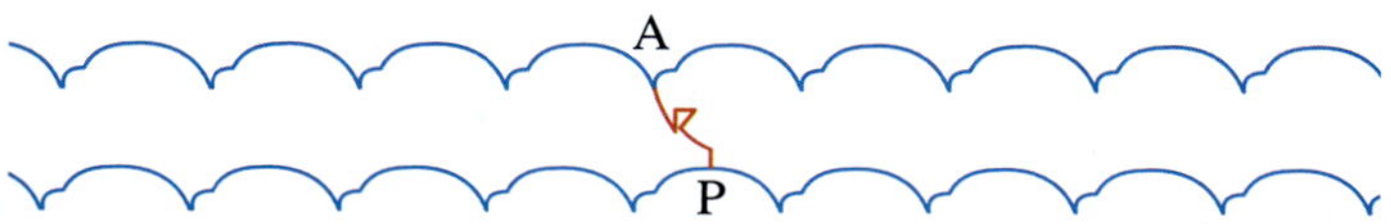

Dessin de Françoise Tréhard.

FICHE 3

Le point dans le parallélogramme

Voici encore un moyen d'échapper au cadre des bandes parallèles en faisant jouer un rôle central au choix des courbes partant d'un certain point d'un dessin…

1. Dessiner un parallélogramme ABCD et choisir un point P.

2. Dessiner une courbe joignant P au sommet A du parallélogramme et son image par la translation de vecteur $\overrightarrow{PC}$.

3. Dessiner une courbe joignant P au point D et son image dans la translation de vecteur $\overrightarrow{PB}$.

4. Dessiner une courbe joignant A à B et son image par la translation de vecteur $\overrightarrow{BC}$.

5. Reproduire le motif obtenu par les translations de vecteurs $\overrightarrow{PC}$ et $\overrightarrow{BC}$. (Attention aux éventuelles intersections de courbes).

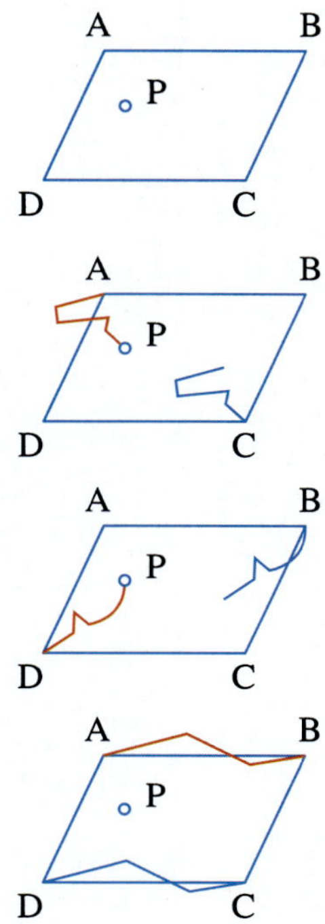

FICHE 4

La truc de l'enveloppe

Le truc le plus extraordinaire pour créer des pavages est aussi simple que surprenant.

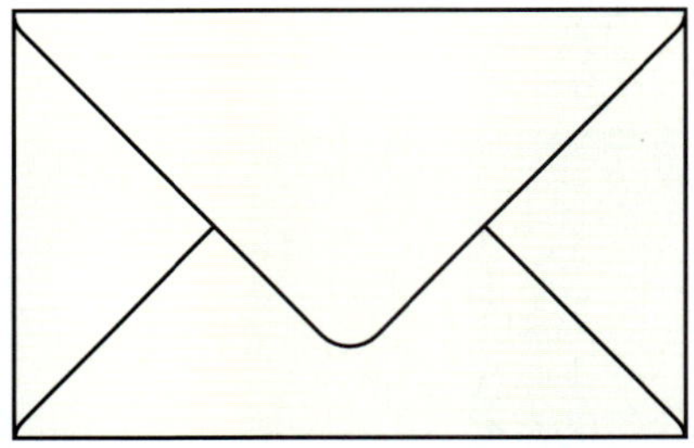

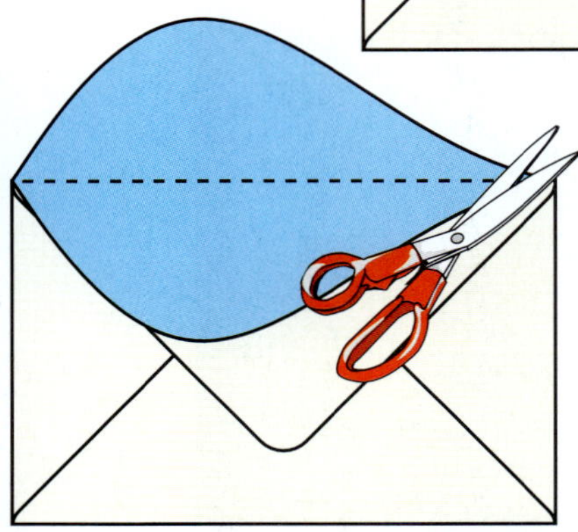

1. Prendre une enveloppe cachetée reçue au courrier.

2. Glisser la pointe des ciseaux dans un des coins et commencer à découper l'enveloppe. Vous pouvez faire ce découpage absolument n'importe comment ou comme vous voulez…

3. Découper en allant d'un coin à l'autre. Vous pourrez alors étaler un côté de l'enveloppe dans le prolongement de l'autre.

4. En passant par les quatre coins vous pouvez ainsi étaler sur une table une forme bizarre avec laquelle, miracle, vous pouvez paver le sol de votre salle de bain !

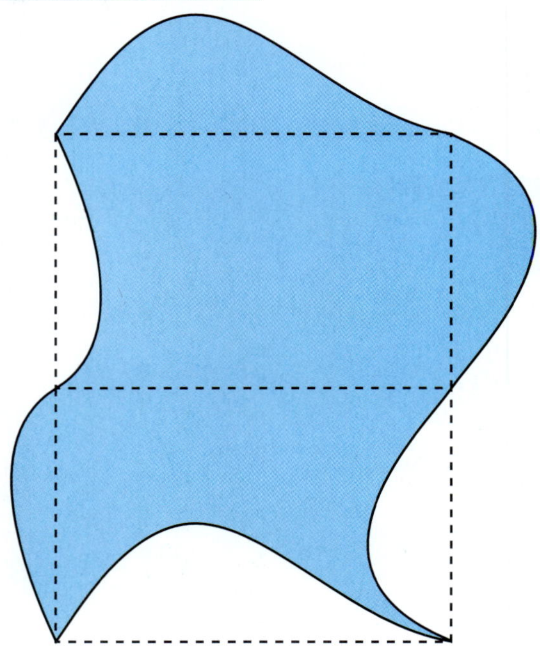

Évidemment, on peut essayer de dessiner quelque chose de figuratif au lieu de découper n'importe comment. Revoici alors la suite des instructions à suivre.

1. Prendre une enveloppe (par exemple au format 22 × 11 ou 16 × 11, …) et la cacheter.
2. Dessiner quelques traits continus sur les deux côtés de l'enveloppe, en faisant passer le trait de crayon par les quatre coins.
3. Découper l'enveloppe le long des traits et la mettre à plat.
4. La forme obtenue "pave" le plan. Cela se vérifie en "décalquant" les bords sur un tableau et en faisant pivoter l'enveloppe autour de chacun de ses coins.

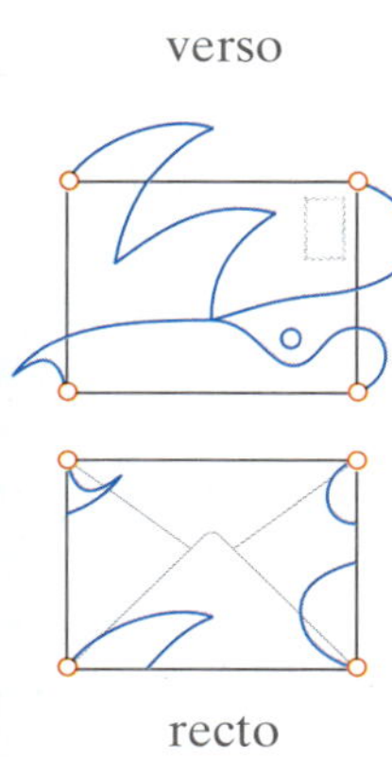

POURQUOI UNE ENVELOPPE FERMÉE, DÉCOUPÉE, ÉTALÉE PEUT-ELLE PAVER LE PLAN ?
La raison pour laquelle "ça marche" est à la fois magique et mathématique. La magie qui est en action est exactement celle de la Symétrie. Quant à la mathématique, elle tient au fait qu'un demi-tour n'est pas autre chose que la succession de deux réflexions d'axes perpendiculaires.
Supposons que le dessin sur l'enveloppe soit légèrement en relief et encré, comme sur un tampon ; et imaginons que l'on fasse pivoter l'enveloppe de manière que ce soit alternativement le recto et le verso qui "imprime" son dessin sur le plan.
On obtient ainsi un pavage bien régulier et dont les motifs se recollent bien les uns aux autres.
Suivons le trajet d'un point M du recto du dessin lors de cette "impression" : en pivotant autour d'un petit côté de l'enveloppe il passe en M_1, au verso et en pivotant autour d'un grand côté il repasse au recto en M' ; il a alors exactement pivoté d'un demi-tour autour d'un coin de l'enveloppe. Ainsi chacun des quatre coins de l'enveloppe imprime sur le plan des centres de symétrie.

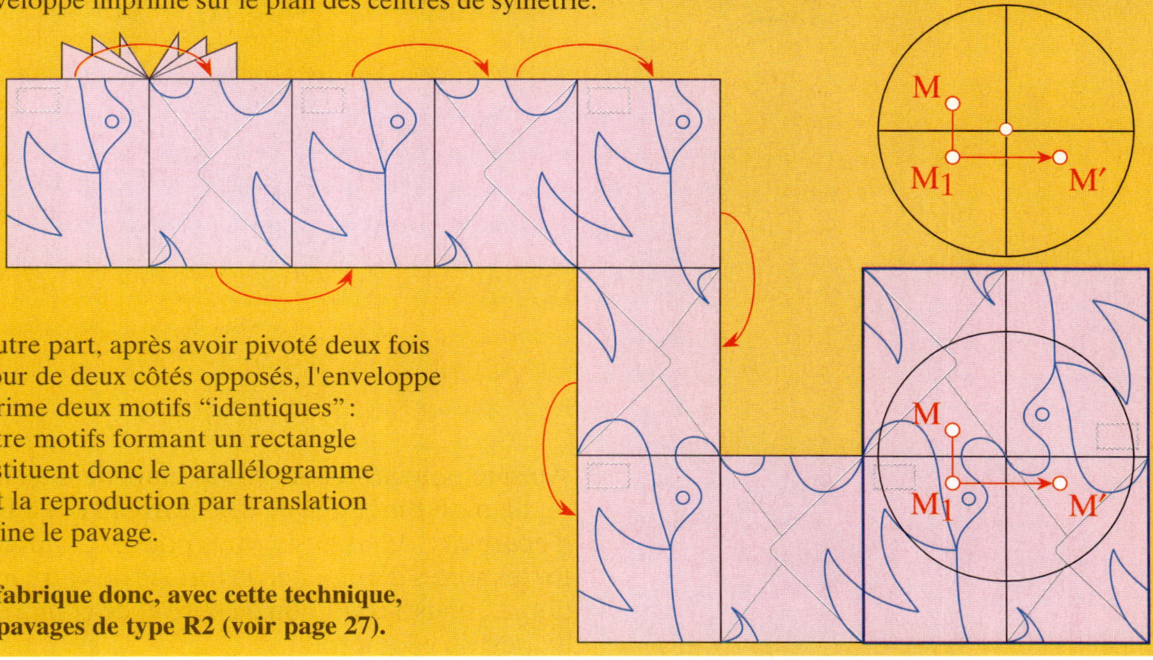

D'autre part, après avoir pivoté deux fois autour de deux côtés opposés, l'enveloppe imprime deux motifs "identiques" : quatre motifs formant un rectangle constituent donc le parallélogramme dont la reproduction par translation dessine le pavage.

On fabrique donc, avec cette technique, des pavages de type R2 (voir page 27).

FICHE 5

L'enveloppe triangulaire

Les enveloppes triangulaires ne sont pas d'un format ordinaire, mais les pavages qu'elles autorisent, eux, sont extraordinaires.

Un jour, le facteur sonna chez moi et me présenta une enveloppe triangulaire en souriant avec malice. “Si vos amis continuent de vous écrire sur ces enveloppes, la Poste devra changer la forme de ses boîtes aux lettres !” Le nom de l'expéditeur me mettant la puce à l'oreille, j'observais les traits dessinés sur l'enveloppe et décidais de l'ouvrir en découpant le long de ces traits avec des ciseaux. Ce qui apparut fut une merveille de la nature et des mathématiques réunies : un écureuil !

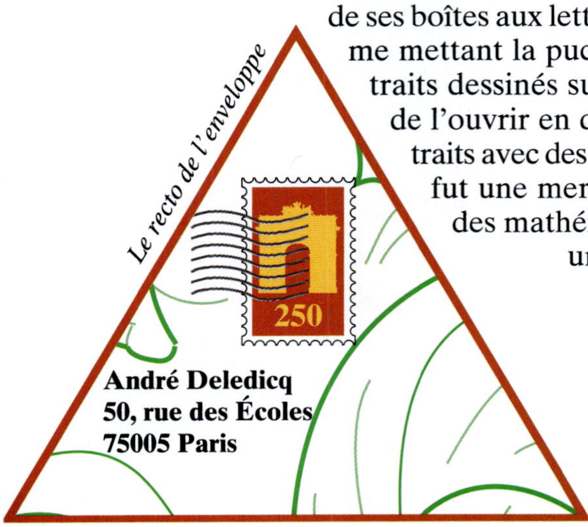

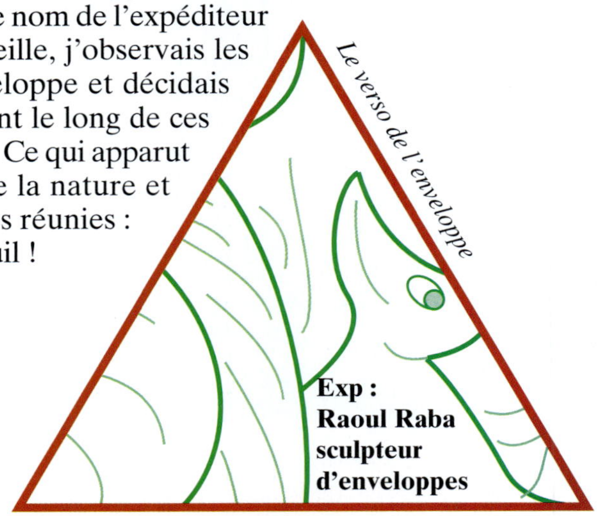

Mais cet écureuil présentait une fantastique particularité : en le faisant tourner d'un tiers de tour autour de l'extrémité de sa queue, on remplissait exactement une bonne partie d'un plan… Et ces blocs de trois écureuils s'emboîtaient parfaitement les uns dans les autres, la tête de l'un venant exactement s'encastrer entre la patte et le ventre d'un autre.

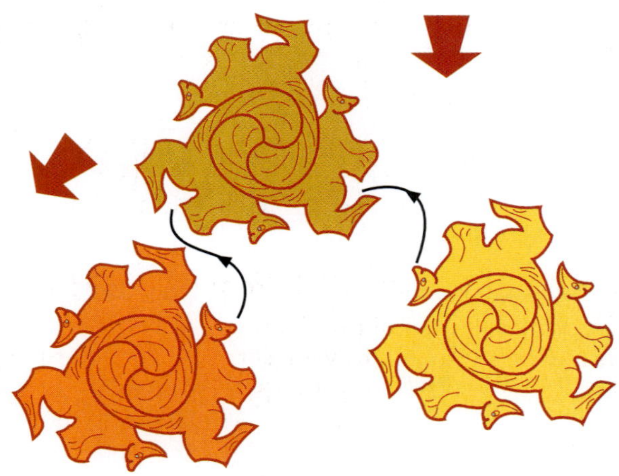

Ainsi je pouvais recouvrir les murs de ma cuisine ou de mon bureau avec des “carreaux” en forme d'écureuils ! Vous aussi, vous pouvez le faire avec toutes sortes d'animaux de formes de votre invention, … mais à condition de faire et de comprendre un peu de géométrie.

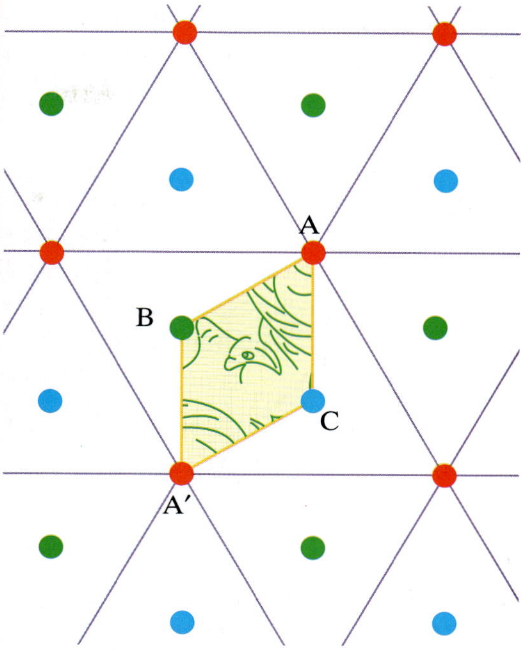

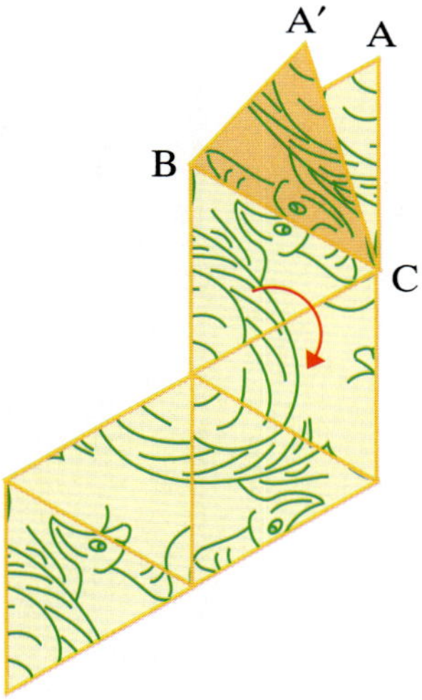

Sur le pavage complet, on reconnaît trois familles de **centres de tiers de tours (rouges, verts et bleus)**.
Le "miracle" est alors le suivant : dans l'espace, en forme de losange, situé entre ces centres, l'écureuil est entièrement dessiné ! Et le jeu de tiers de tour est tel que l'on peut plier ce losange autour de BC de manière à ce que les traits se terminant sur AC viennent prolonger exactement ceux qui se terminent sur A′C (et de même AB sur A′B) ; on peut donc coller AC sur A′C.
La voilà l'enveloppe triangulaire !
Et, au lieu de la découper, je peux imaginer de la faire basculer sur le plan de manière qu'elle y laisse la trace de son dessin : les écureuils apparaissent comme par magie.

Les pavages pouvant ainsi s'obtenir par découpage d'une enveloppe triangulaire équilatérale sont de type R3 (voir page 28).
Comme nous allons le voir on peut aussi obtenir des pavages en découpant des enveloppes ayant la forme de demi-triangle équilatéral ou de demi-carré.

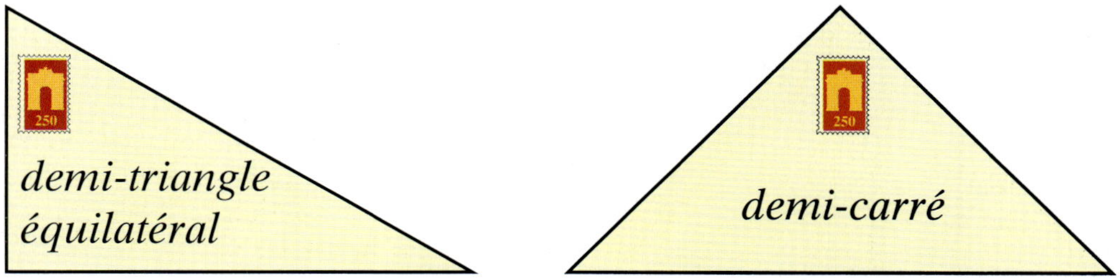

FICHE
6

L'enveloppe demi-carrée

Les enveloppes demi-carrées engendrent des pavages comme les enveloppes précédentes : on les ferme, on dessine un motif joli et/ou astucieux, puis on introduit les ciseaux par un coin, on découpe et on étale…

Alain Fini
9, rue de la Tour
75 116 Paris

On obtient, avec ces enveloppes des pavages du type R4 (voir page 29). Un tel type de pavage laisse voir deux familles de rotations d'ordre 4 (dont les centres sont marqués dans le dessin ci-dessous en rouge et en jaune) et une famille de rotations d'ordre 2 (ou "symétrie centrale") dont les centres sont placés "en quinconces" par rapport aux précédents. En fait, on devrait parler de "quart de carré" plutôt que de demi-carré ; mais il se trouve qu'un demi-carré et un quart de carré ont la même forme : celle d'un triangle rectangle isocèle.

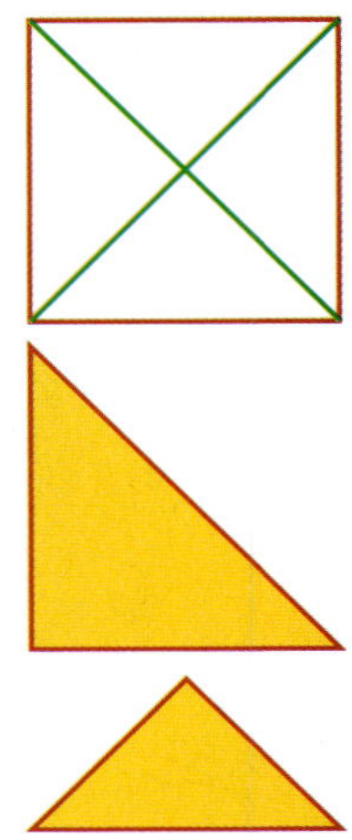

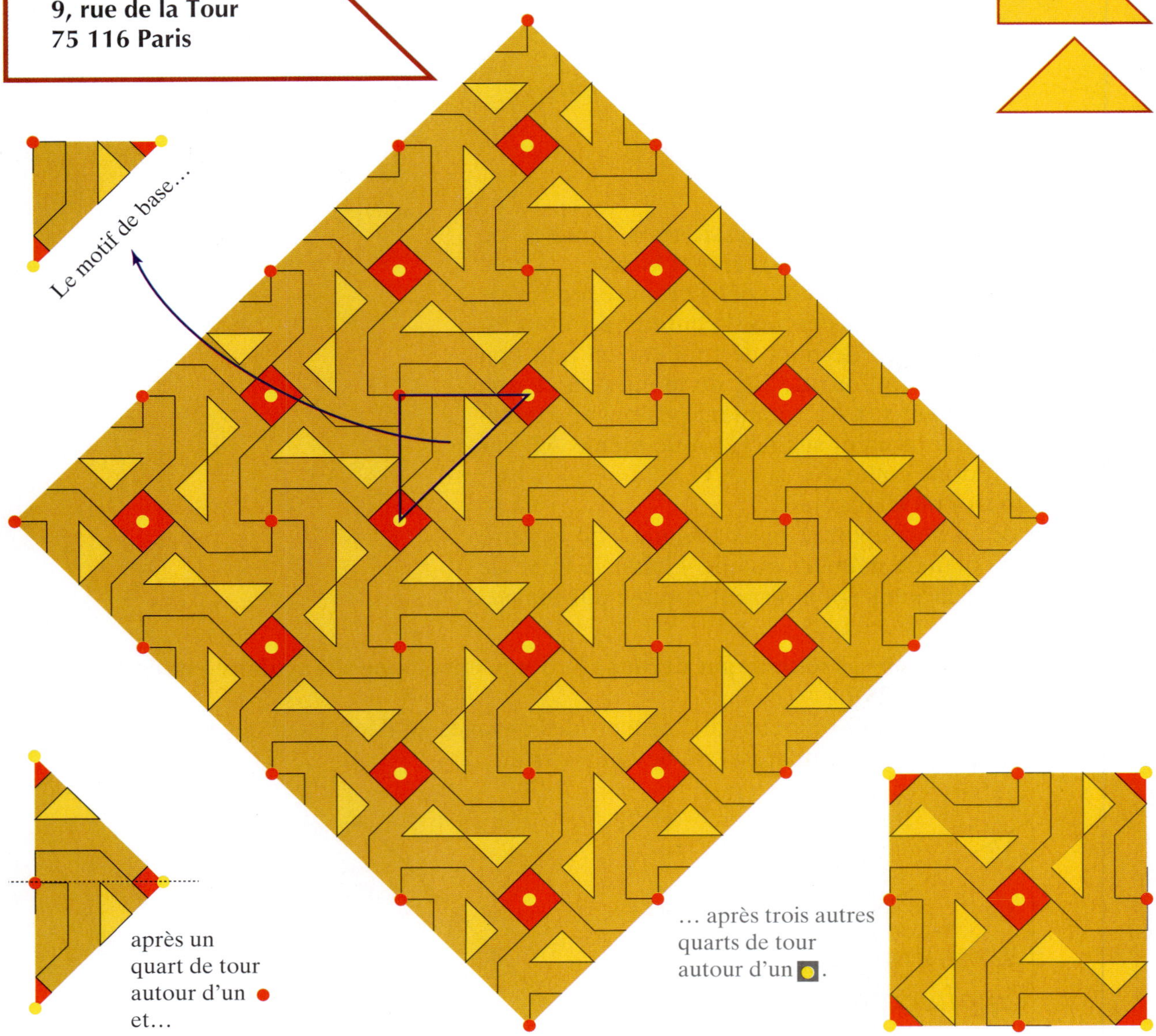

On voit que le motif minimal est un quart de carré dont le côté [AB] vient sur [AC] par rotation d'un quart de tour et dont le demi-côté [MB] vient sur [MC] par rotation d'un demi-tour.
Le motif de ce pavage peut donc se dessiner sur une enveloppe en forme de huitième de carré (qui a d'ailleurs la même forme qu'un demi-carré !)
Pour inventer les pavés réalisant de tels pavages il suffit donc de prendre une enveloppe quart de carré et de la découper n'importe comment… en essayant de faire apparaître quelque forme intéressante…
Voici par exemple comment nous avons réalisé une espèce de "culbuto-oiseau".

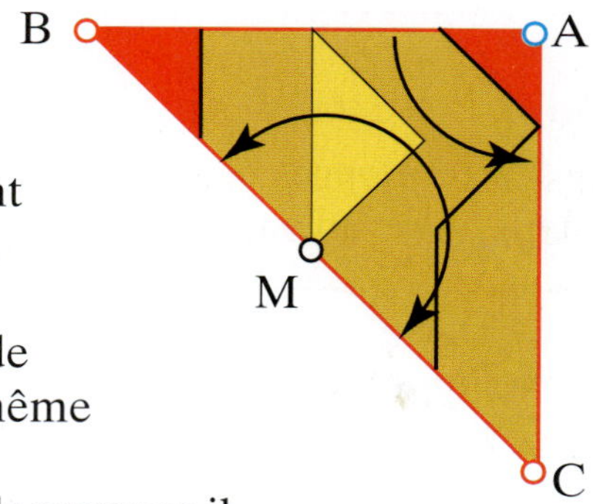

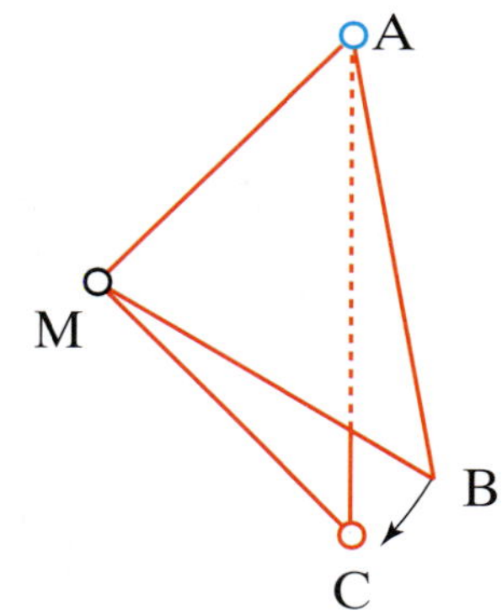

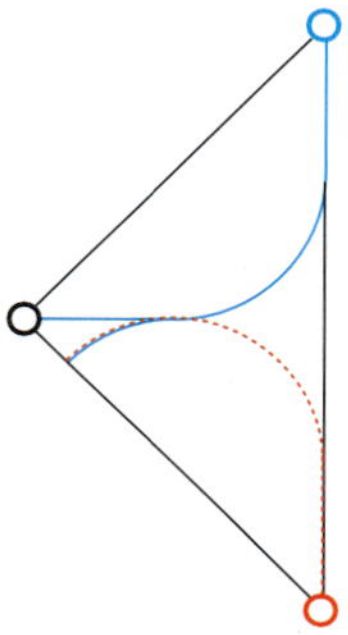

recto
(le pointillé représente le dessin du verso)

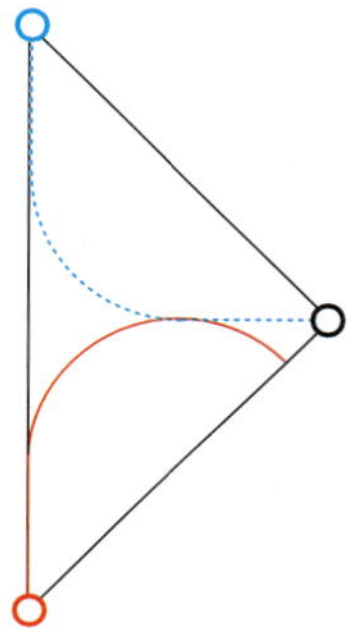

verso
(le pointillé représente le dessin du recto)

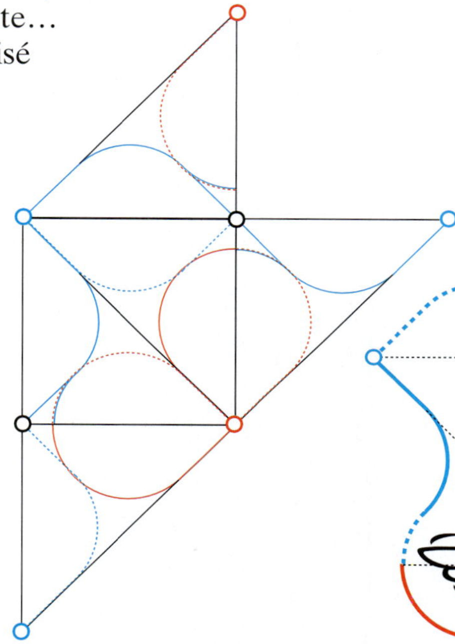

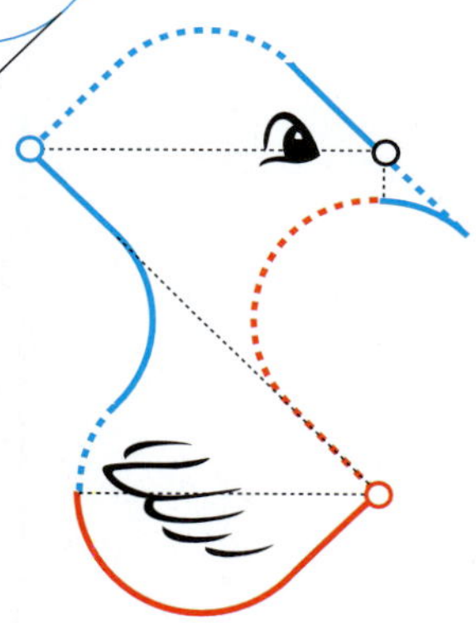

FICHE 7

L'enveloppe demi-triangulaire

On se sert des enveloppes demi-triangulaires comme les autres ; mais le résultat a, ici, quelque chose à voir avec l'hexagone…

En découpant une enveloppe en forme de demi-triangle-équilatéral, on réalise des pavages du type R6 (voir page 30). Ce type de pavage laisse voir une famille de rotations d'ordre 6 dont les centres (ici marqués d'un rond rouge plein) tissent un réseau triangulaire imbriqué dans un autre réseau formé par les centres (ici marqués d'un triangle rouge) de rotation d'ordre 3. De plus, les milieux communs des segments joignant deux centres d'une même famille sont les centres d'une famille de symétries centrales (ici marqué d'un rond rouge évidé). Notez que, comme dans tous les pavages, le motif de base peut prendre plusieurs apparences selon la manière dont on découpe le triangle (comparez les motifs donnés ici et page 30).

Raoul Raba
7, rue du Kangourou
75 008 Paris

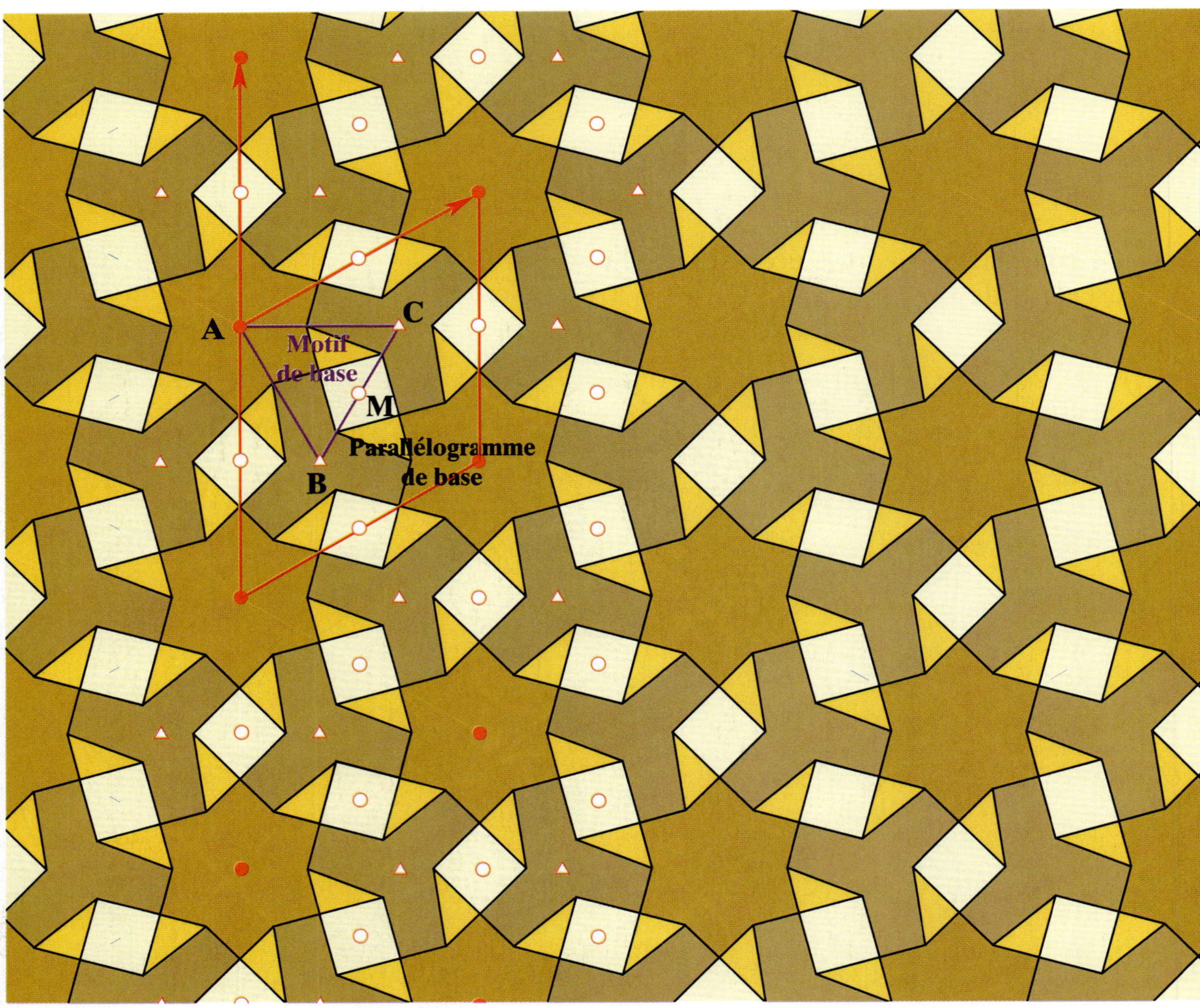

On voit que le motif minimal est un triangle équilatéral dont le côté [AB] vient sur [AC] par rotation d'un sixième de tour et dont le demi-côté [MB] vient sur [MC] par rotation d'un demi-tour. Le motif de ce pavage peut donc bien se dessiner sur une enveloppe en forme de demi-triangle équilatéral.

Pour inventer les pavés réalisant de tels pavages il suffit donc de prendre une enveloppe demi-triangle-équilatéral et de la découper n'importe comment… en essayant de faire apparaître quelque forme intéressante…

Voici par exemple comment nous avons réalisé une espèce de "pac-man".

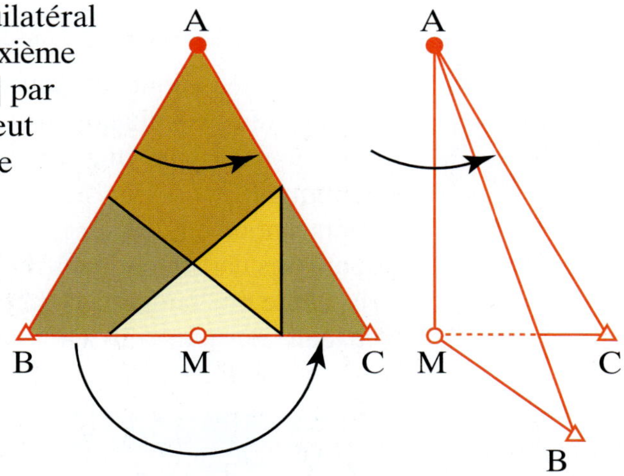

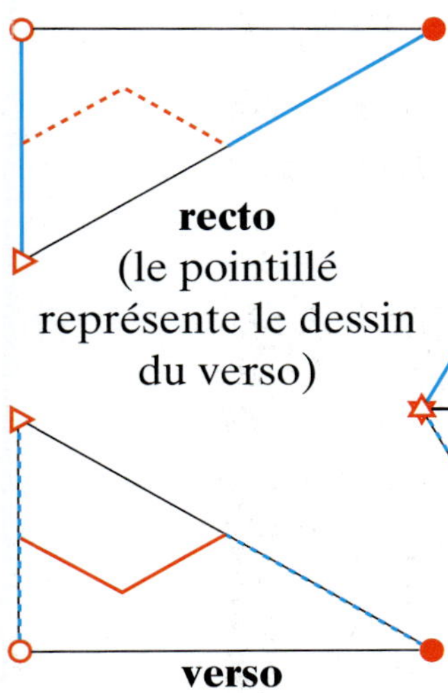

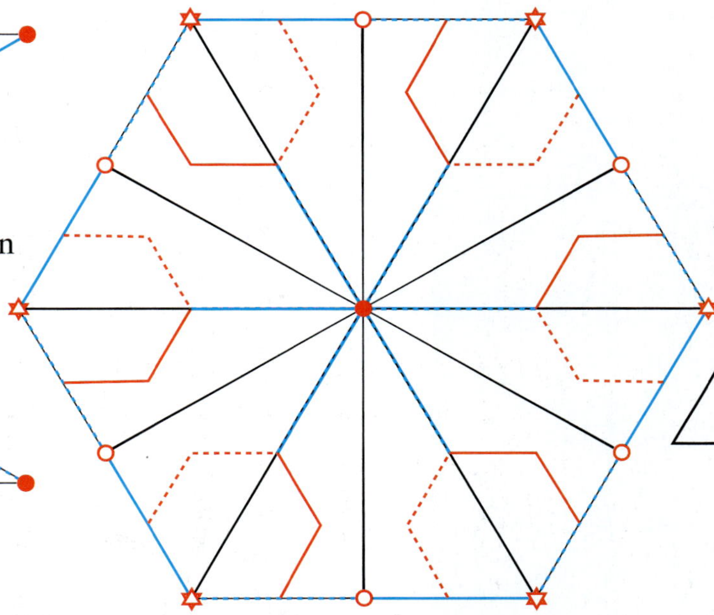

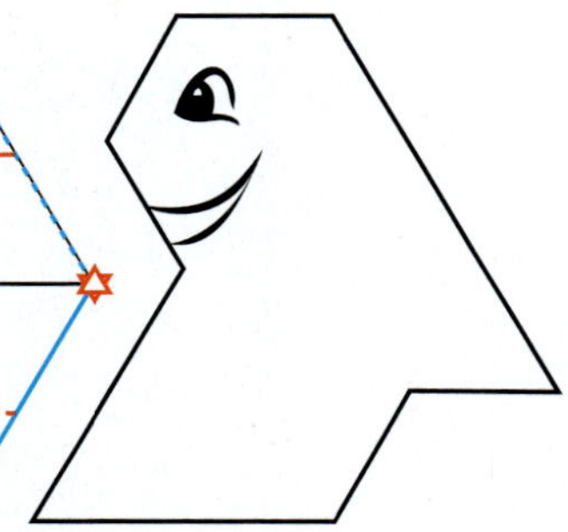

FICHE 8

Le tampon (ou le calque)

Voici une technique qui pourrait théoriquement s'utiliser pour n'importe quel pavage : en effet chaque pavage s'obtient à partir d'un motif minimal que l'on peut supposer imprimé sur un "tampon" (ou dessiné sur un calque). En appliquant ce tampon successivement sur notre planche à dessin (ou en déplaçant un calque sur le motif minimal modèle) de manière à respecter les symétries caractéristiques du pavage, on dessine petit à petit le pavage complet (la forme du "tampon" caractéristique de chaque pavage est indiquée en bas de chacune des pages 26 à 42, comme expliqué page 25).

Le tampon caractéristique du pavage R4 (page 29) est un carré. Et le dessin tracé doit y vérifier les contraintes suivantes :

1. Si le motif rencontre le côté BA en M alors il doit aussi rencontrer le côté BC en un point N tel que BM = BN.

2. Si le motif rencontre le côté DA en P, alors il doit aussi rencontrer le côté DC en un point Q tel que DQ = DP.

Mode d'emploi :
Tamponnez de façon à ce que les points "homologues" du motif coïncident :
— le premier coup de tampon a été donné en vert.
— le deuxième en rouge, après rotation autour de O d'un quart de tour…

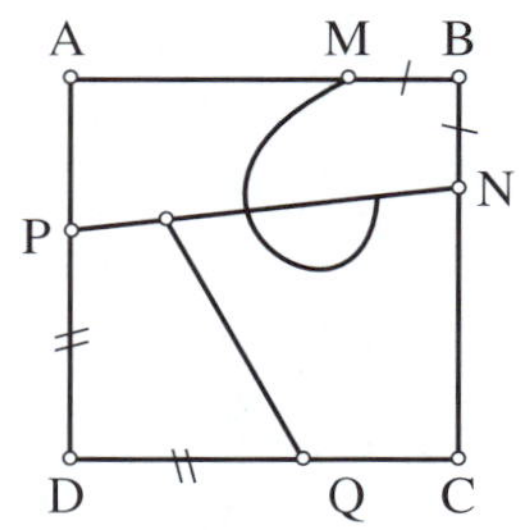

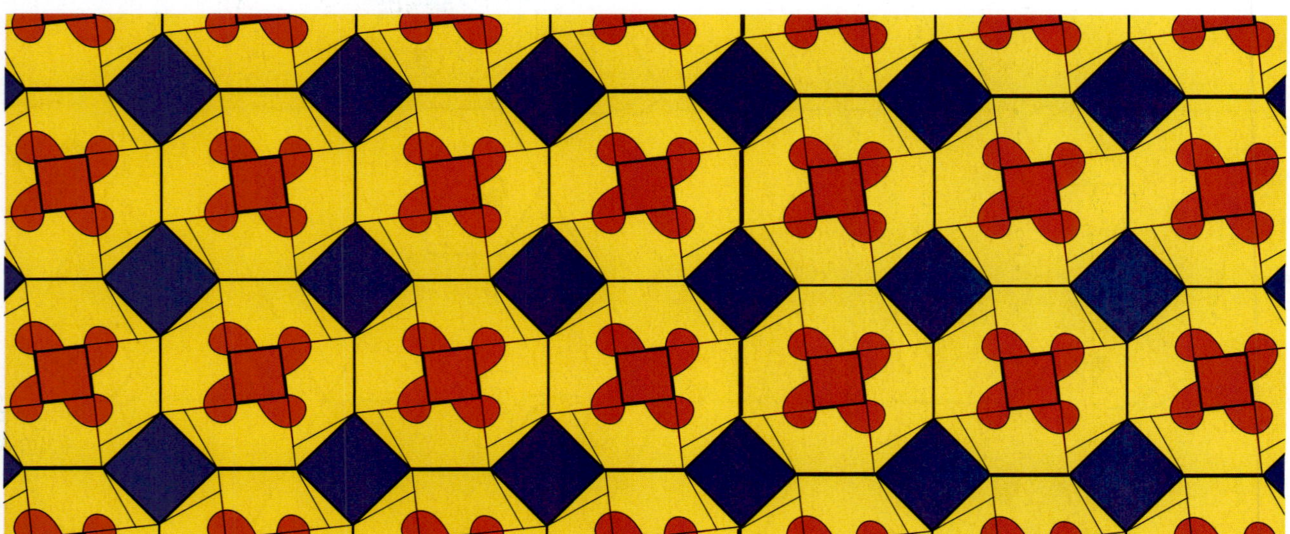

Si vous n'avez pas les moyens de vous offrir un tampon personnalisé, vous pouvez en simuler l'emploi. En effet, plutôt que de déplacer un tampon mobile sur une feuille fixe, vous pouvez déplacer une feuille transparente mobile sur un "tampon" fixe…
En fait, il suffit de déplacer un calque sur un simple dessin du "tampon" en recopiant ce dessin à chaque mouvement du calque.

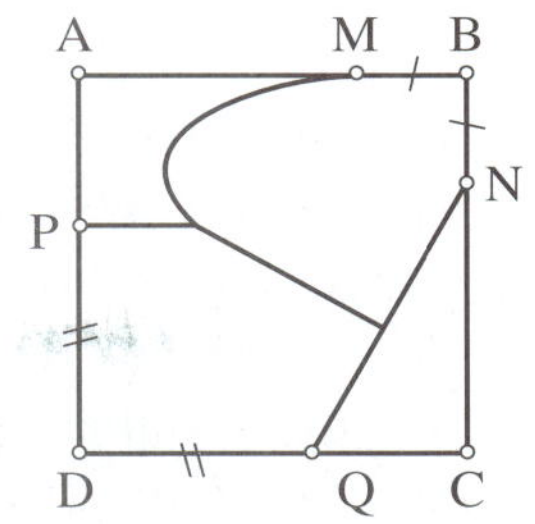

FICHE 9

Le quadrillage

Voici encore une technique universelle consistant à prévoir la trame d'un pavage en s'aidant d'un quadrillage (ou d'un “trillage”). On y dessine le motif minimal et on laisse opérer les transformations géométriques.
(On trouve des réseaux à télécharger sur le site www.mathkang.org et d'autres exemples d'applications de cette technique dans **Jeux de symétrie** chez ACL - les Éditions du Kangourou. Ici, il s'agit du pavage M2R2 page 37.)

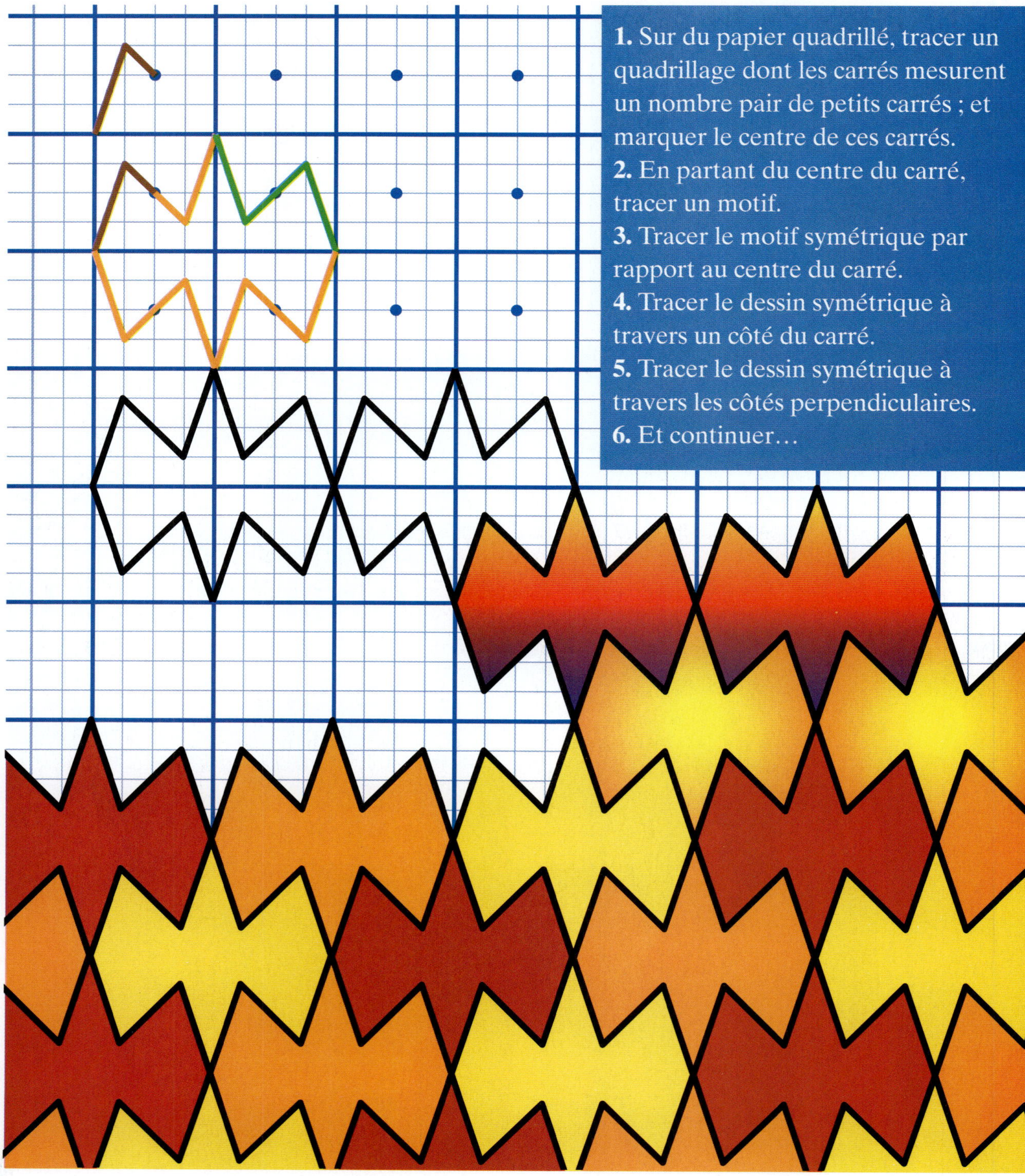

1. Sur du papier quadrillé, tracer un quadrillage dont les carrés mesurent un nombre pair de petits carrés ; et marquer le centre de ces carrés.
2. En partant du centre du carré, tracer un motif.
3. Tracer le motif symétrique par rapport au centre du carré.
4. Tracer le dessin symétrique à travers un côté du carré.
5. Tracer le dessin symétrique à travers les côtés perpendiculaires.
6. Et continuer…

FICHE 10

Le carré glissant

Les pavages de type M0 (page 31) ont l'avantage de ne comporter ni rotations, ni symétrie axiale ; de sorte que les animaux qui peuvent les constituer ont tous la tête vers le haut. Voici une technique de réalisation qui permet d'en dessiner le motif étape par étape.

1. Dessinez ce que vous voulez dans un carré (en esquissant les formes que vous voulez faire apparaître !).

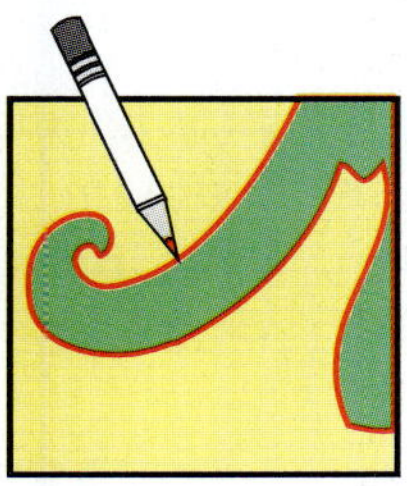

2. Découpez le long du trait à partir des bords et collez "à gauche" ce qui était "à droite". À partir du point de jonction (bleu) dessinez ce que vous voulez.

3. Découpez, retournez, translatez en "haut" ce qui était en "bas". Faire un dernier trait de découpage.

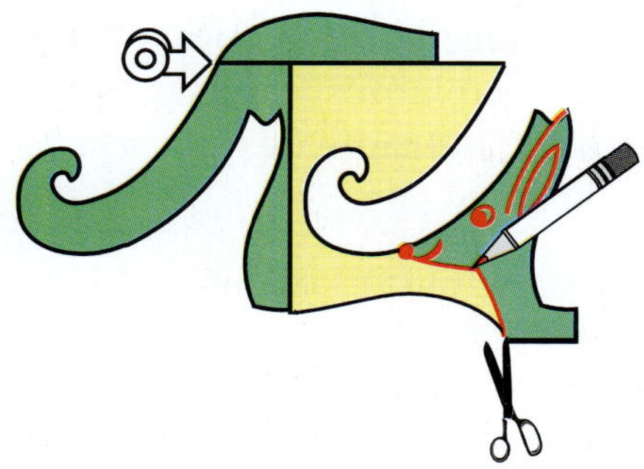

4. Découpez, retournez, translatez et collez.

Translation horizontale

Créé par Raoul Raba, pour le jeu-concours **Kangourou des Mathématiques**, ce logo montre comment découper un carré pour en faire un kangourou.

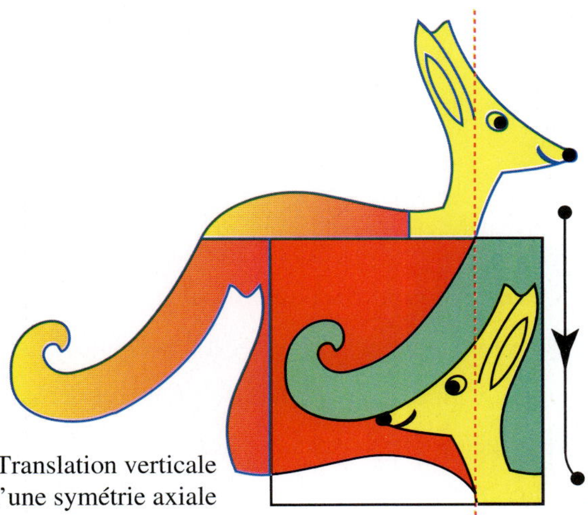

Translation verticale suivie d'une symétrie axiale

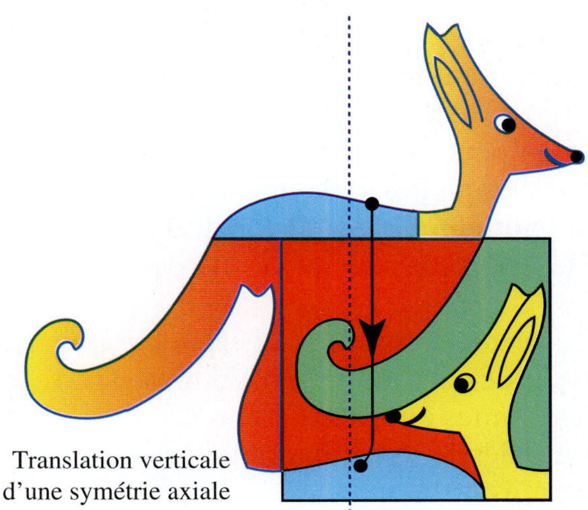

Translation verticale suivie d'une symétrie axiale

Comment regarder un pavage ?

Les dessins auxquels nous nous intéressons, sous le nom de pavages sont caractérisés par la propriété suivante :
Il existe deux translations indépendantes qui conserveraient le dessin si celui-ci était indéfiniment prolongé dans le plan tout entier. Ces deux translations définissent un **parallélogramme de base**.
Pour chacun d'eux, nous l'avons fait dans les pages suivantes, on pourrait dessiner, sur un calque, la **trame** des isométries qui le conservent (voir page 24).

Le résultat fantastique est le suivant :
en mettant dans une même boîte les calques sur lesquels figurent les mêmes isométries, on n'a besoin que de 17 boîtes pour les ranger tous.

Tous les pavages du monde peuvent donc se classer en 17 familles. Des représentants de ces 17 familles sont exposés pages 26 à 42, assortis de

- leur **nom** scientifique et leur nom abrégé,
- leur **parallélogramme de base**, tramé en vert clair,
- leur "**trame d'isométries**" dessinée et explicitée en français,
- un **motif minimal** suffisant pour reconstituer tout le pavage par rotations, symétries et/ou translations à partir de lui,

D'une certaine façon, on pourrait dire que le pavage (P) est le **produit** du motif minimal (M) **multiplié** par le groupe des isométries (G) constituant la trame du pavage.

$$P = M \times G,$$

et on peut même rêver à des mathématiques dans lesquelles le groupe d'isométries G serait le **quotient** du pavage par son motif minimal. Heureux ceux pour qui ce rêve deviendra réalité !

La **reconnaissance** et le **classement** de ces 17 types de pavages n'est pas difficile si on se pose les bonnes questions que voici :
■ Le dessin est-il identique à son image dans un miroir ?
■ Si non, y a-t-il des rotations qui le conservent ?
Les plus "petites" de ces rotations sont-elles des demis, tiers, quarts ou sixièmes de tour ou l'identité ?
Nous appelons ces types R_2, R_3, R_4, R_6 ou bien R_0.
■ Si oui, quel est le nombre de directions des axes de symétrie ?
Nous donnons alors au type de pavage un nom commençant par M_i (i peut valoir 0, 1, 2, 3, 4 ou 6).
Observez alors s'il existe, entre les mailles de ces axes, des rotations conservant le dessin :
— S'il y en a, d'angle minimal $^1/_j$ tour, nous donnons à ce type le nom $M_i R_j$ (j peut valoir 0, 2, 3, 4 ou 6).
— S'il n'y en pas, le nom est exactement M_j, sauf pour M_0, que nous appelons parfois M_{0g} (le zéro marque l'absence d'un axe de symétrie et le g marque la présence d'un glissage), et pour M_1 qui se décline en M_{1g} ou M_1 selon la présence d'un glissage ou non.

Le tableau de la page 43 reprend cet "algorithme" de reconnaissance.

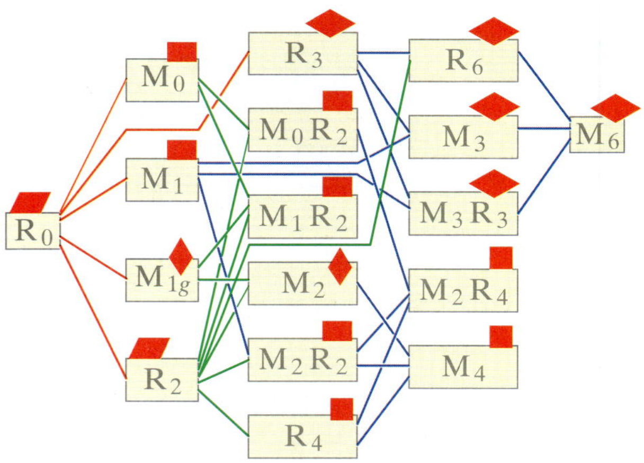

Ce schéma montre comment les trames des 17 familles s'emboîtent les unes dans les autres et quelle est la forme de leur parallélogramme de base (quelconque , losange , rectangle , carré , double triangle équilatéral).

Cornet fabriqué en recollant les deux côtés égaux d'un triangle isocèle d'angle au sommet 120°

Pour bien regarder et comprendre un pavage, il est intéressant de suivre l'itinéraire suivant :

1. Repérer **deux** "plus petites" **translations** indépendantes qui le conservent.
Si le dessin est compliqué, elles apparaissent mieux en coloriant les motifs semblables qui se présentent dans les mêmes directions.
Note : De très nombreux couples de translations sont ainsi repérables et pourraient être promus au rang de "translations de base".

1. bis. Reconnaître un **parallélogramme de base**.
Note : Il pourrait se placer n'importe où dans le dessin.

2. Repérer les **axes de symétrie** (ou de **glissages**).
Note : Pour reconnaître les glissages, le coloriage de deux figures voisines est souvent utile.
À gauche, on repère 3 directions d'axes de symétrie ; le nom de ce type de pavage commence par M3.

3. Repérer les **centres de symétrie** ou de **rotations**. S'il y a déjà des axes de symétrie, ne recherchez plus que ceux qui sont *entre les mailles* de ces axes.
À gauche, il y a un centre de rotation d'ordre 3 entre les mailles. Il s'agit d'un pavage de type M3R3.

4. Isoler un **motif minimal** du pavage.

Dans les pages 26 à 42, on indique l'objet associé à ce motif minimal quand on tient compte de ces bords et qu'on en recolle les parties qui se correspondent par une isométrie ; ceux de ces objets qui peuvent donner lieu à une technique simple de construction d'un "tampon" (voir page 18) sont signalés par l'image de ciseaux.

Les isométries du plan : définitions et théorèmes utiles

Les transformations géométriques du plan qui ne changent ni la forme ni les mesures des objets sont appelées **isométries** (du grec *iso* [même] et *metron* [mesure]. Ces transformations ont des propriétés simples mais importantes :

● On peut les faire se succéder l'une après l'autre, comme dans la figure ci-dessous. Les mathématiciens disent qu'on les **compose** ; et ils notent $T \circ S$ (té rond esse) la transformation composée de la transformation S suivie de la transformation T.

• Il existe une transformation, notée I, qui consiste à ne rien transformer du tout. Penser à "I" comme "Immobilité". Les mathématiciens appellent **Identité** cette transformation.

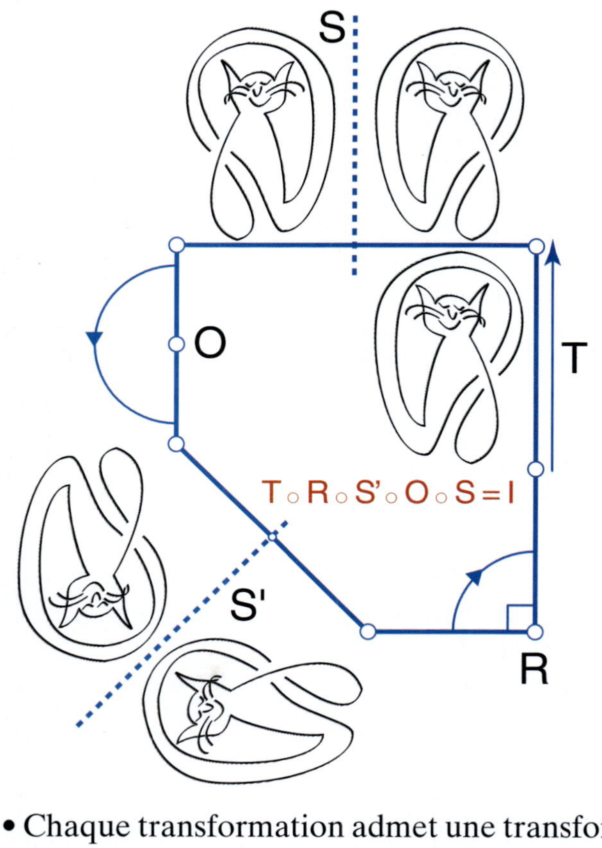

• Chaque transformation admet une transformation **inverse** qui remet en place ce que la première a transformé. Les mathématiciens notent T^{-1} la transformation inverse de T. Ainsi dans la figure ci-dessus, on a

$$T^{-1} = R \circ S' \circ O \circ S.$$

En mathématique, on dit que ces transformations forment un GROUPE pour l'opération de composition.

• On démontre que toutes les isométries du plan sont de 4 types : ce sont ceux que l'on a illustré à la page précédente.

• La succession de deux symétries axiales est une translation ou une rotation.

Si les axes de S_1 et S_2 se coupent en O, alors $S_2 \circ S_1$ est la rotation de centre O et d'angle égal au double de celui des axes de symétrie

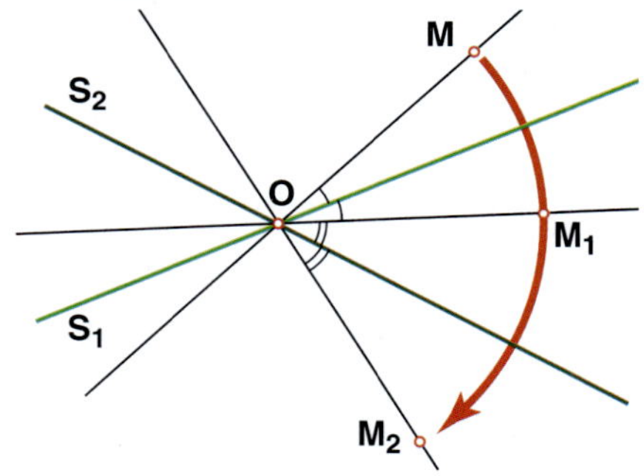

Si les axes de S_1 et S_2 sont parallèles, alors $S_2 \circ S_1$ est la translation de vecteur double de celui qui envoie S_1 sur S_2

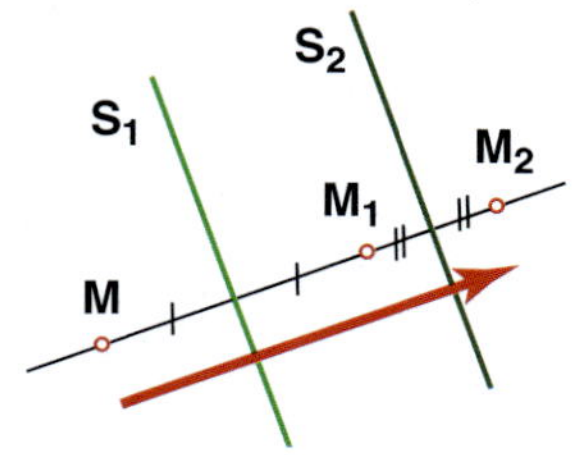

• Une symétrie axiale changent l'orientation des cercles. On dit que la symétrie axiale est une **isométrie indirecte** (ou **anti-déplacement**).

sens trigonométrique | **sens des aiguilles d'une montre**

• Une succession de deux symétries axiales ne changent donc pas l'orientation : les translations et les rotations conservent donc l'orientation (on les appellent **isométries directes** ou **déplacements**). Les successions de rotation et/ou de translations équivalent à une seule rotation ou translation ; une succession de quatre symétries axiales équivaut donc à une succession de deux seulement.

• Une succession de trois symétries axiales change l'orientation et équivaut à la succession d'une symétrie axiale et d'une translation de vecteur que l'on peut choisir "parallèle" à l'axe de la symétrie (c'est un **glissage**).

Finalement : **Les symétries axiales "engendrent" toutes les isométries du plan.**

Les 17 familles de pavages

Pour chaque famille, on trouvera ci-après :

- Le **nom abrégé** de la famille et son **nom “scientifique”** qui rappelle la forme de son parallélogramme de base (rhombique = losange et hexagonal = losange égal à un double triangle équilatéral) et la présence de symétries, rotations ou glissages dans la trame des isométries qui le conservent.
- Un **pavage colorié** assorti de…
  - … **deux translations minimales**
  - … un **parallélogramme de base**
  - … un **motif minimal**
  - … la **trame** des isométries qui le conservent
  - … l’**objet** ou “**tampon**” (“quotient” du pavage par le groupe des isométries qui le conservent) qui pourrait servir à imprimer le pavage par applications successives sur le plan (un ✂ signifie que cet objet est effectivement réalisable et pratiquement utilisable ; deux ciseaux symétriques indiquent qu’il devrait être “encré” recto-verso pour imprimer le pavage).
- un **deuxième pavage** (éventuellement à colorier) et la **liste des isométries qui le conservent**.

R0 : parallélogrammique asymétrique

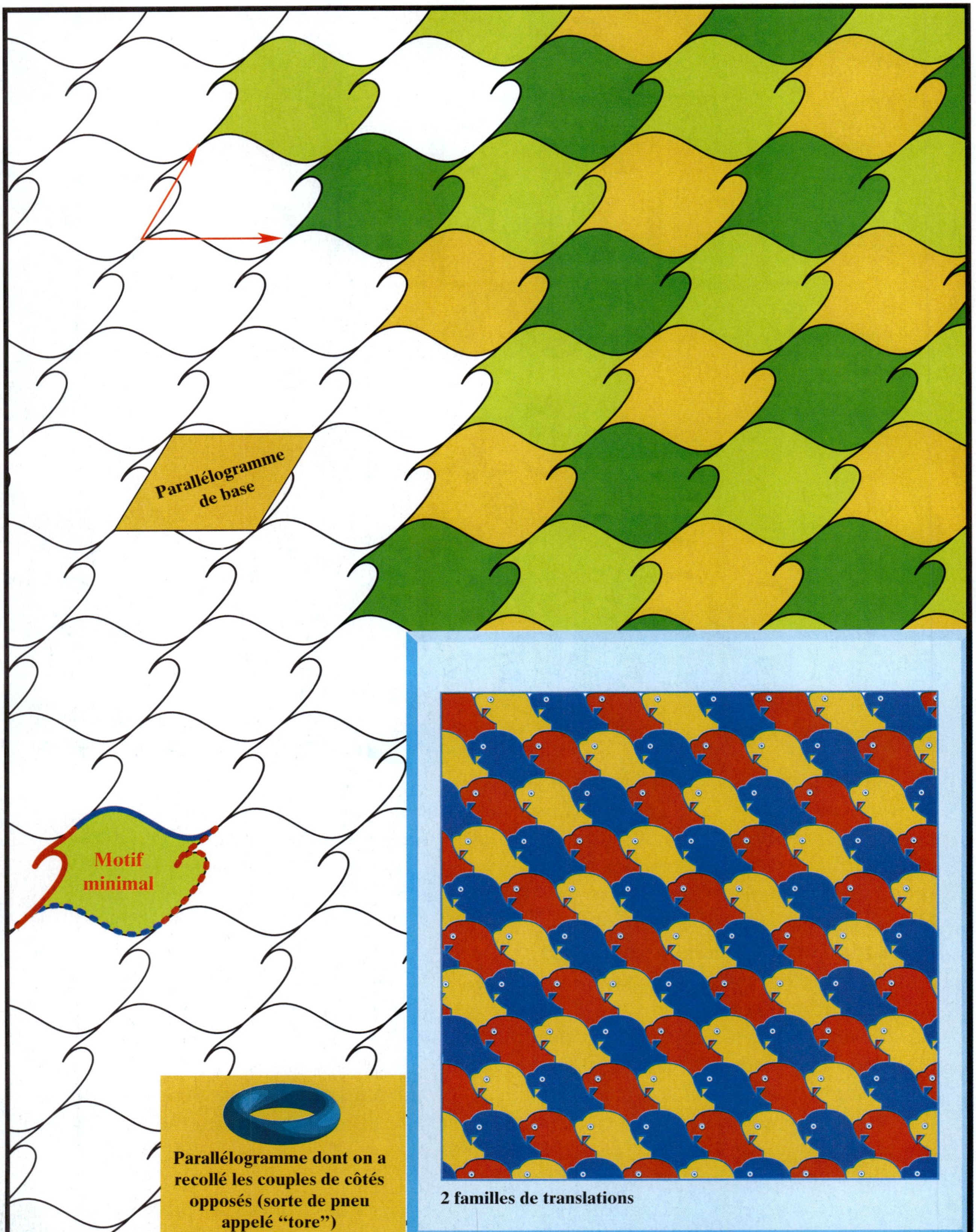

Parallélogramme dont on a recollé les couples de côtés opposés (sorte de pneu appelé “tore”)

2 familles de translations

R2 : parallélogrammique symétrique

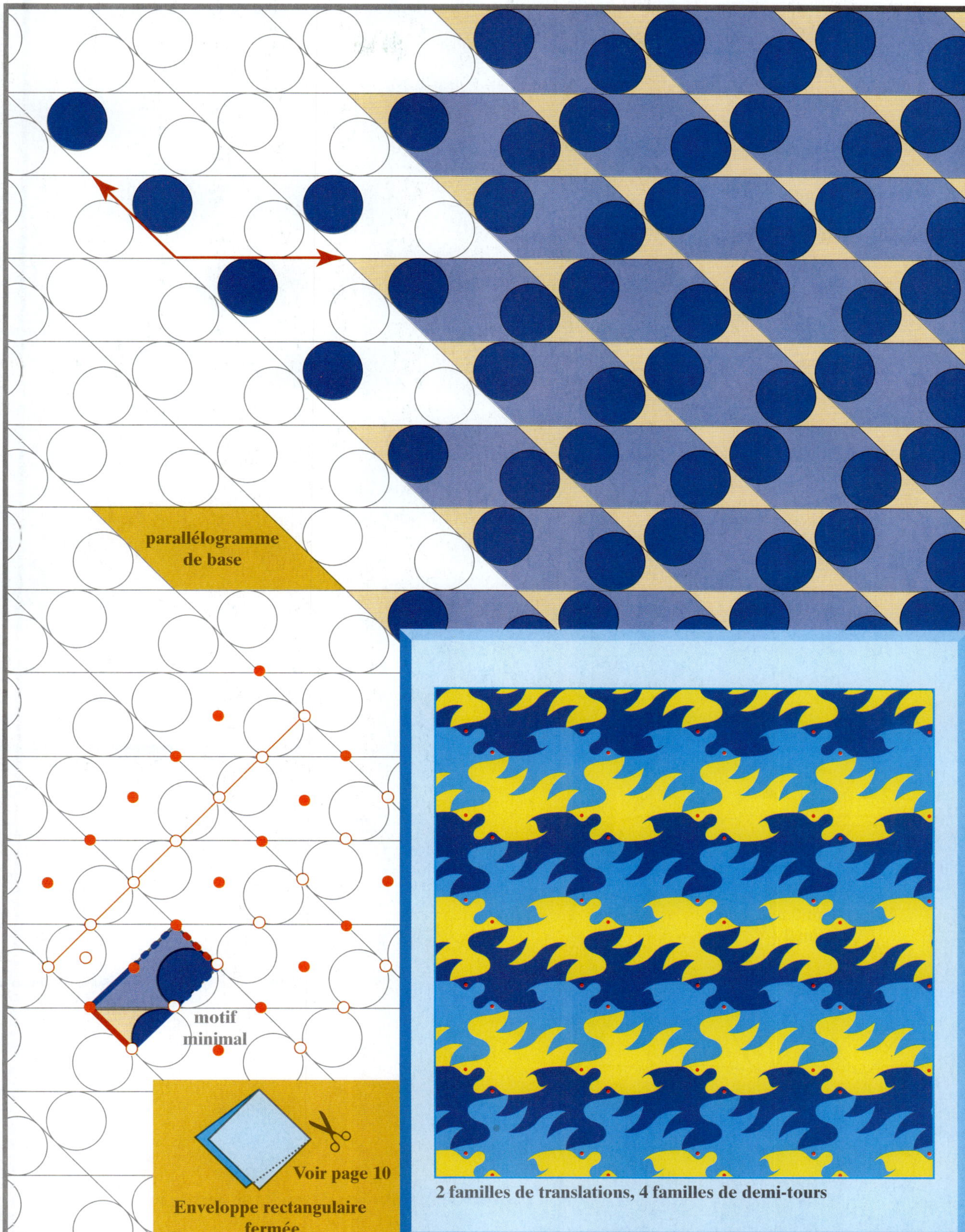

2 familles de translations, 4 familles de demi-tours

R3 : hexagonal trois rotatif

2 familles de translations, 3 familles de tiers de tour

Voir page 12

Enveloppe fermée en forme de triangle équilatéral

R4 : carré quatre rotatif

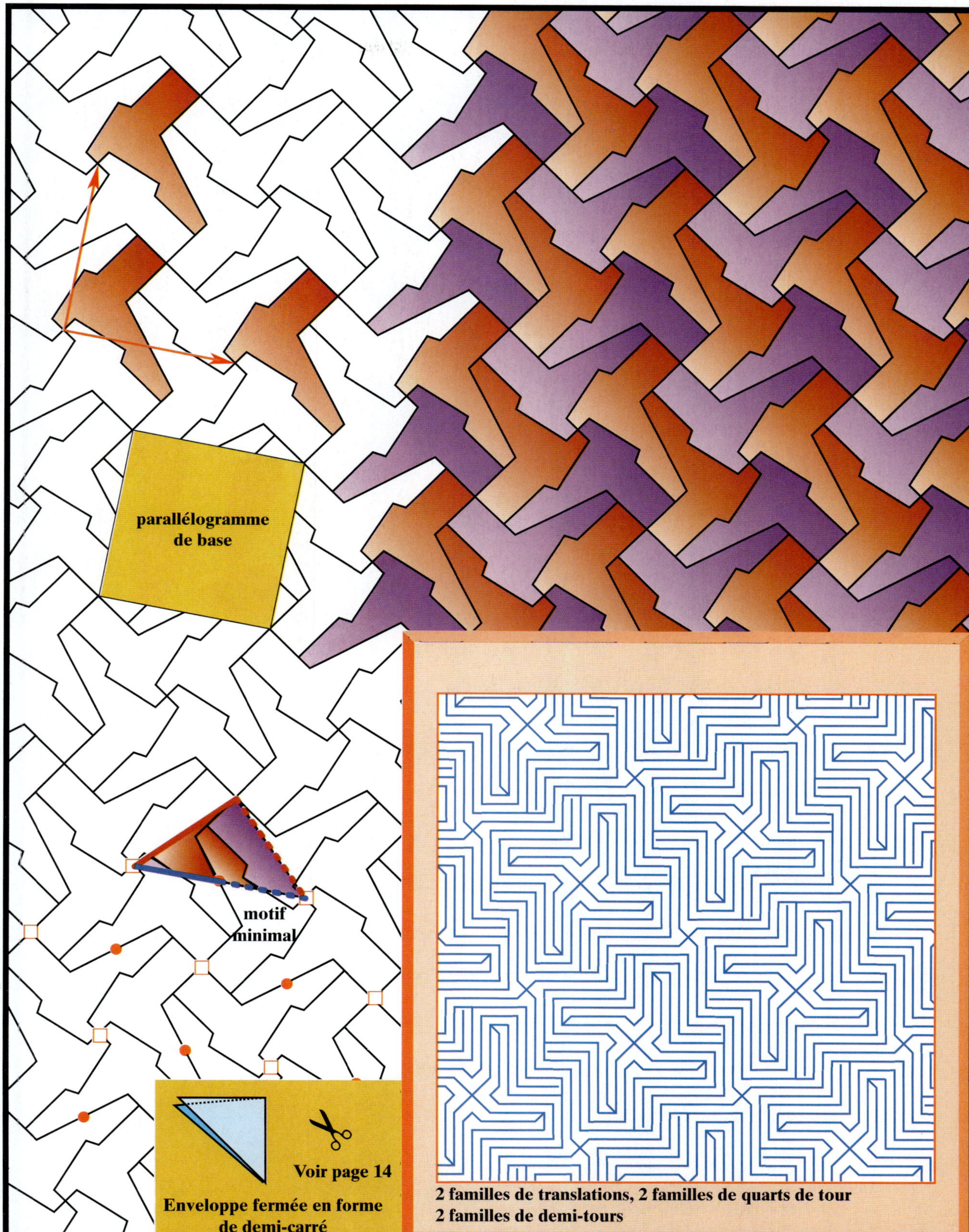

2 familles de translations, 2 familles de quarts de tour
2 familles de demi-tours

R6 : hexagonal six rotatif

Voir page 16

Enveloppe fermée en forme de demi-triangle équilatéral

2 familles de translations, 1 famille de sixièmes de tour
2 familles de tiers de tour, 3 familles de demi-tours

MO : rectangulaire glissant

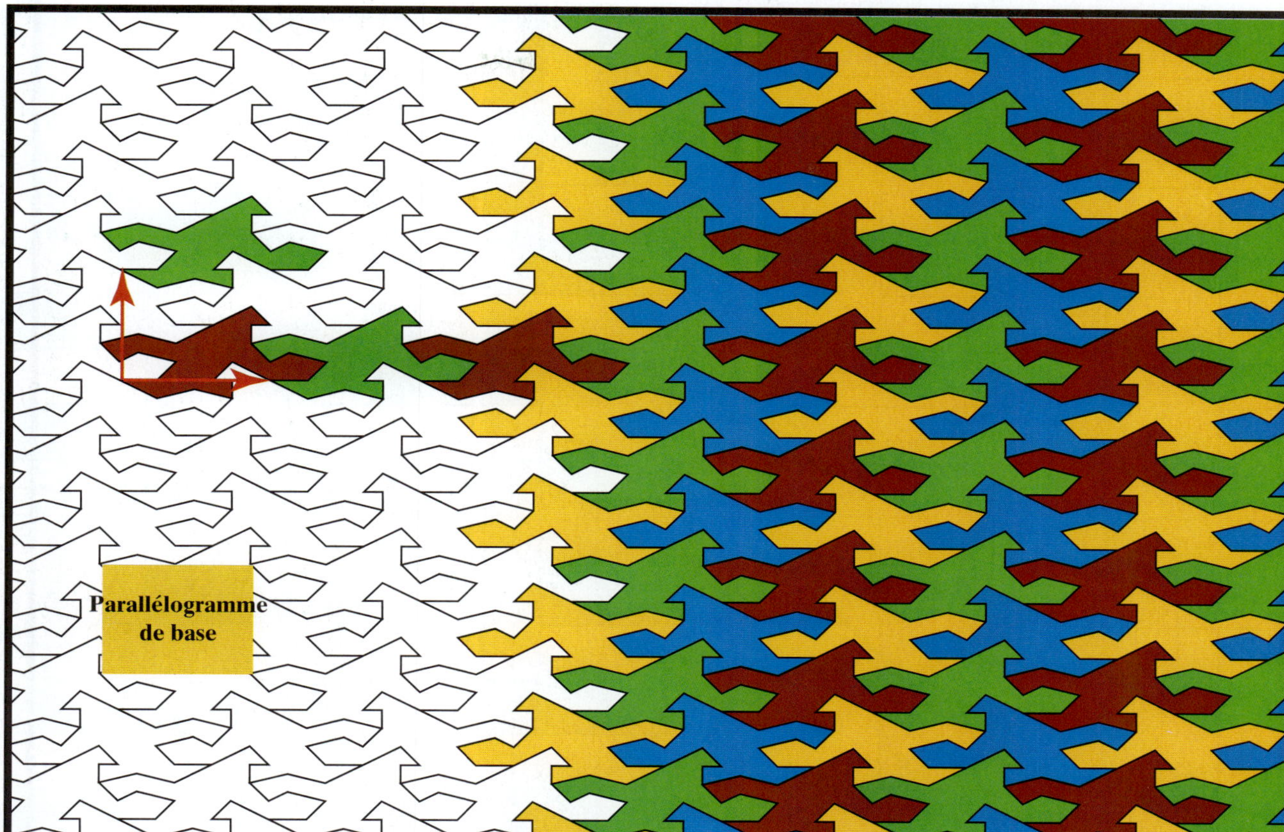

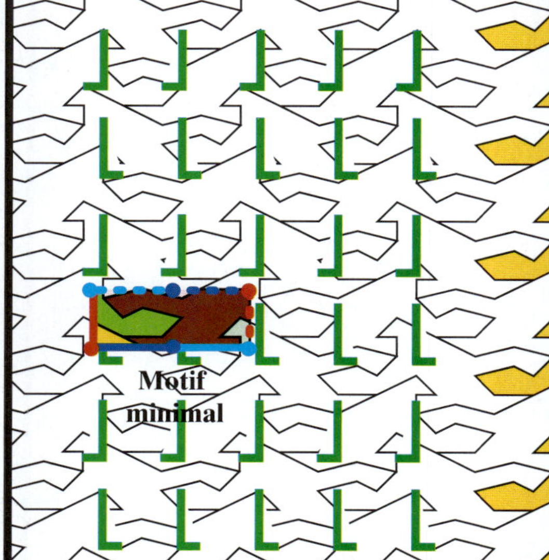

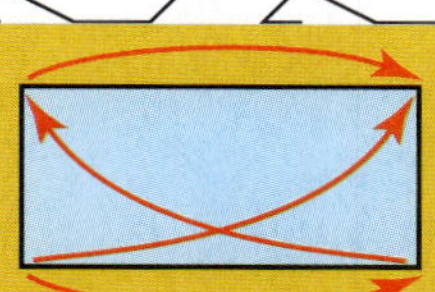

Rectangle dont on a collé les couples de côtés opposés, tête-bêche pour l'un des couples.
On l'appelle "bouteille de Klein".

2 familles de translations, 2 familles de glissages d'axes parallèles

MOR2 : rectangulaire biglissant

Enveloppe rectangulaire dont la fermeture a été réalisée en inversant un des bords. On l'appelle "plan projectif".

2 familles de translations, 2 familles de glissages d'axes parallèles
4 familles de demi-tours

M1 : rectangulaire monosymétrique

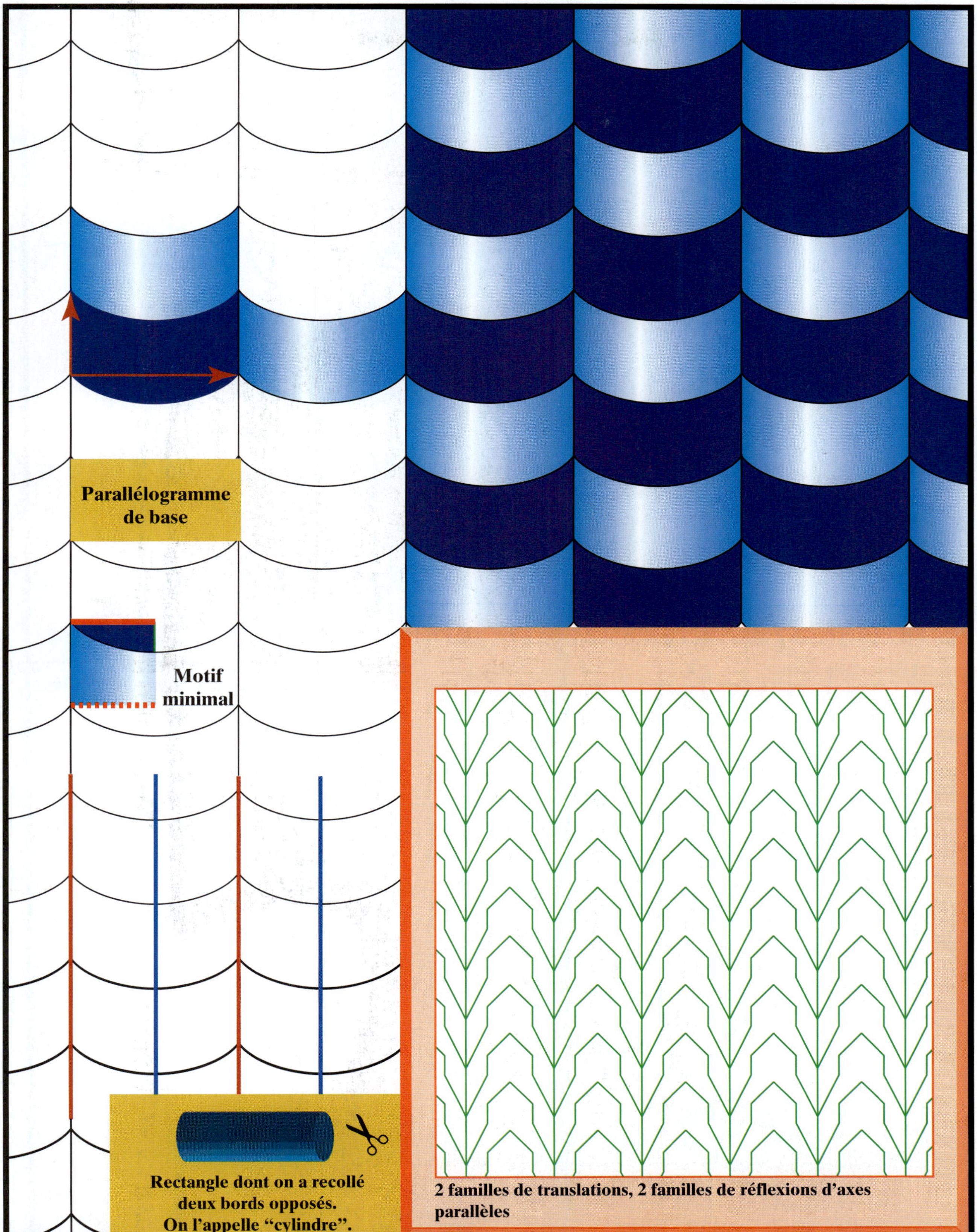

M1g : rhombique monosymétrique

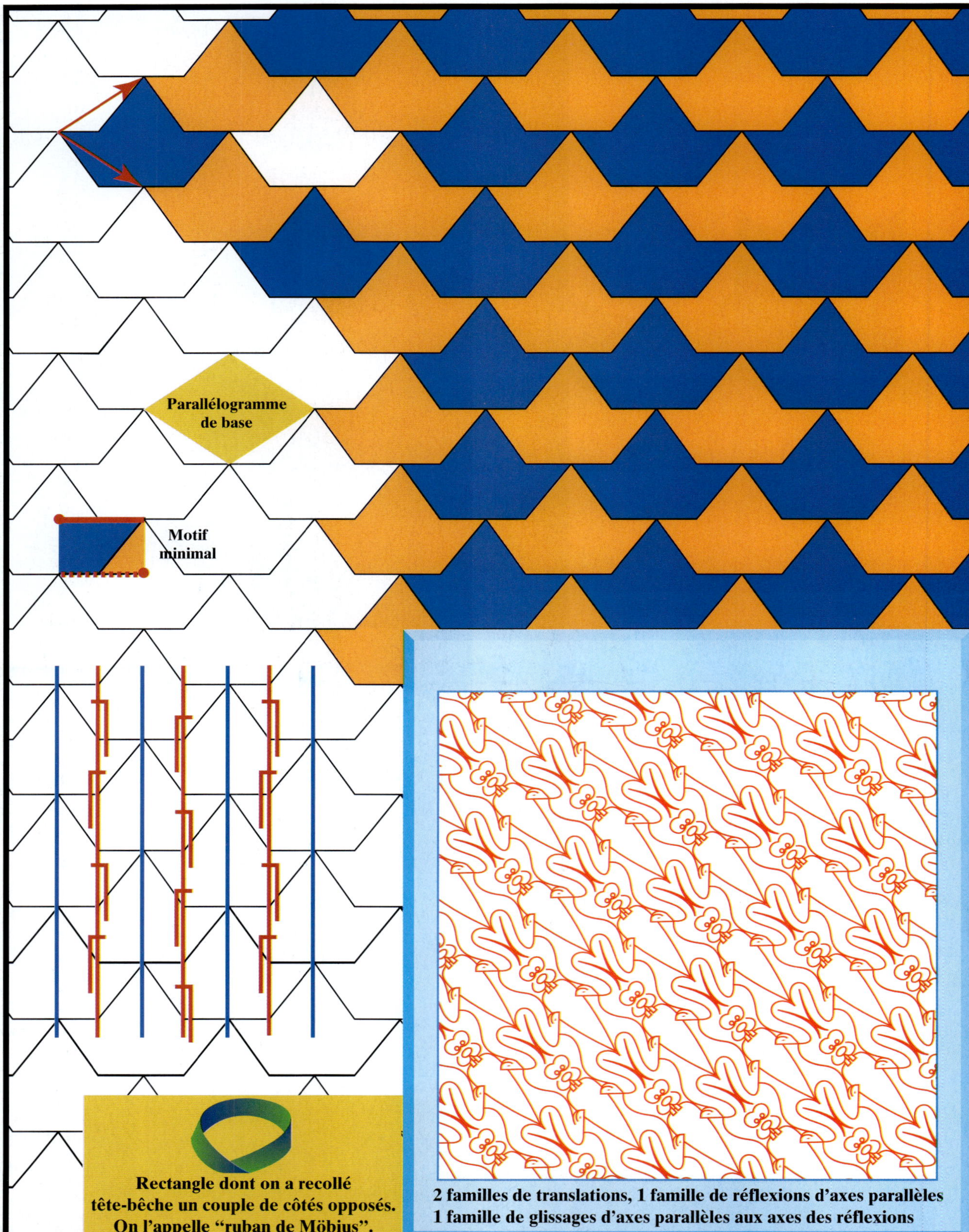

Rectangle dont on a recollé tête-bêche un couple de côtés opposés. On l'appelle "ruban de Möbius".

2 familles de translations, 1 famille de réflexions d'axes parallèles
1 famille de glissages d'axes parallèles aux axes des réflexions

M1R2 : rectangulaire glissant symétrique

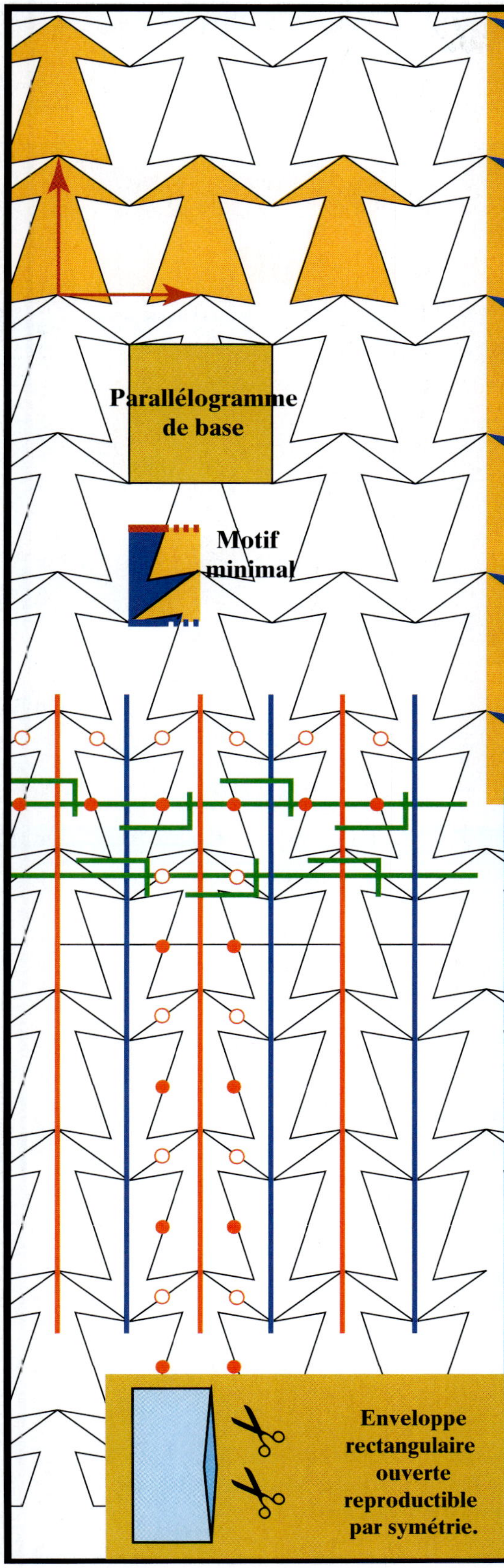

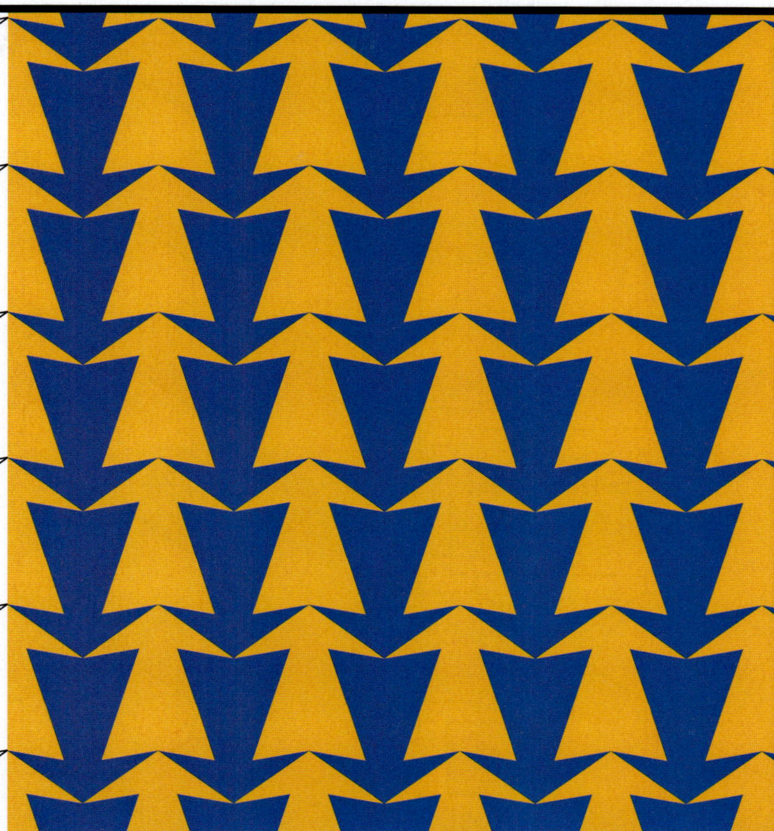

Note : les flèches pourraient être allongées et s'inscrire dans un rectangle.

2 familles de translations, 4 familles de demi-tours,
2 familles de réflexions d'axes parallèles,
2 familles de glissages d'axes orthogonaux aux axes des réflexions

M2 : rectangulaire bisymétrique

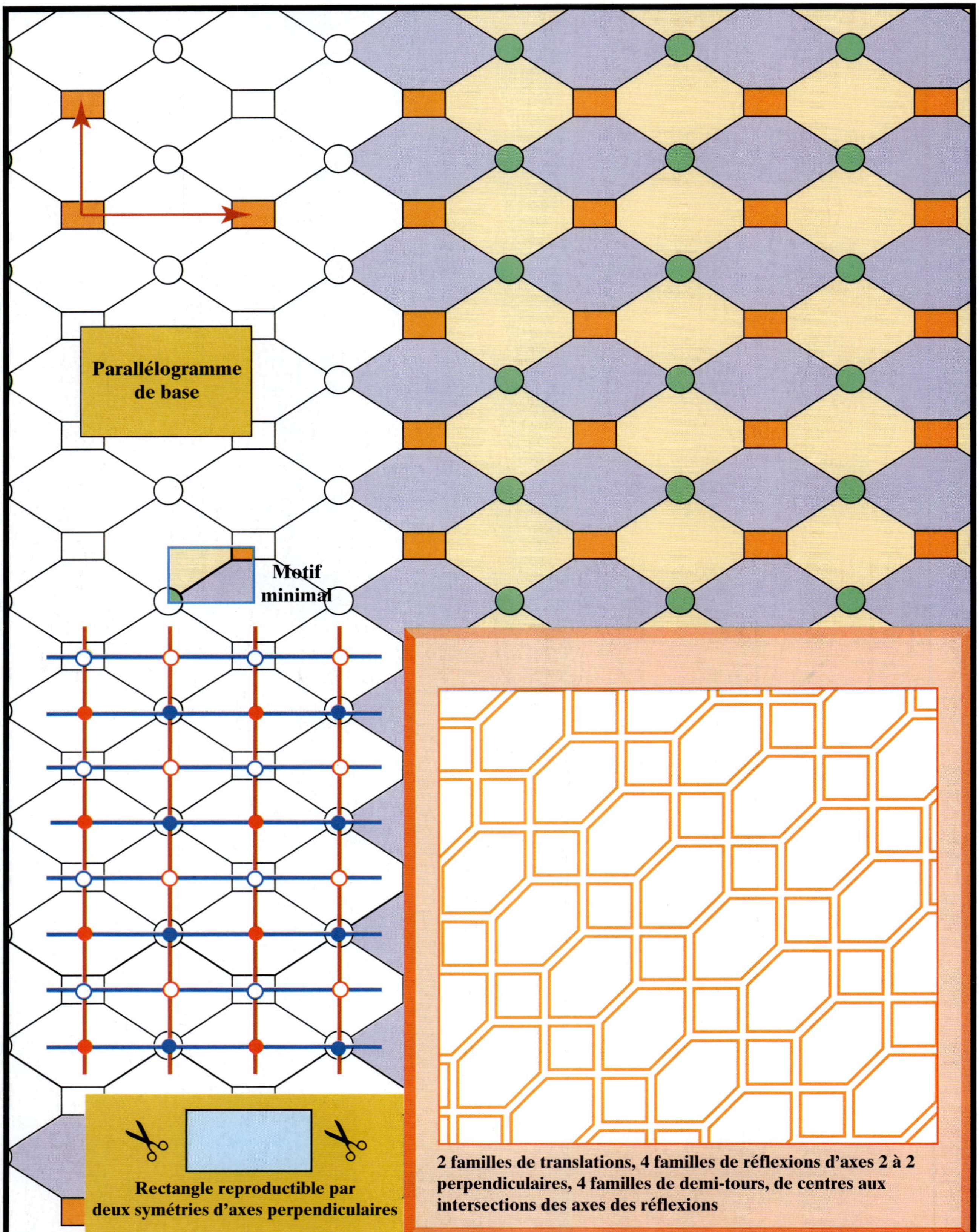

2 familles de translations, 4 familles de réflexions d'axes 2 à 2 perpendiculaires, 4 familles de demi-tours, de centres aux intersections des axes des réflexions

M2R2 : rhombique bisymétrique

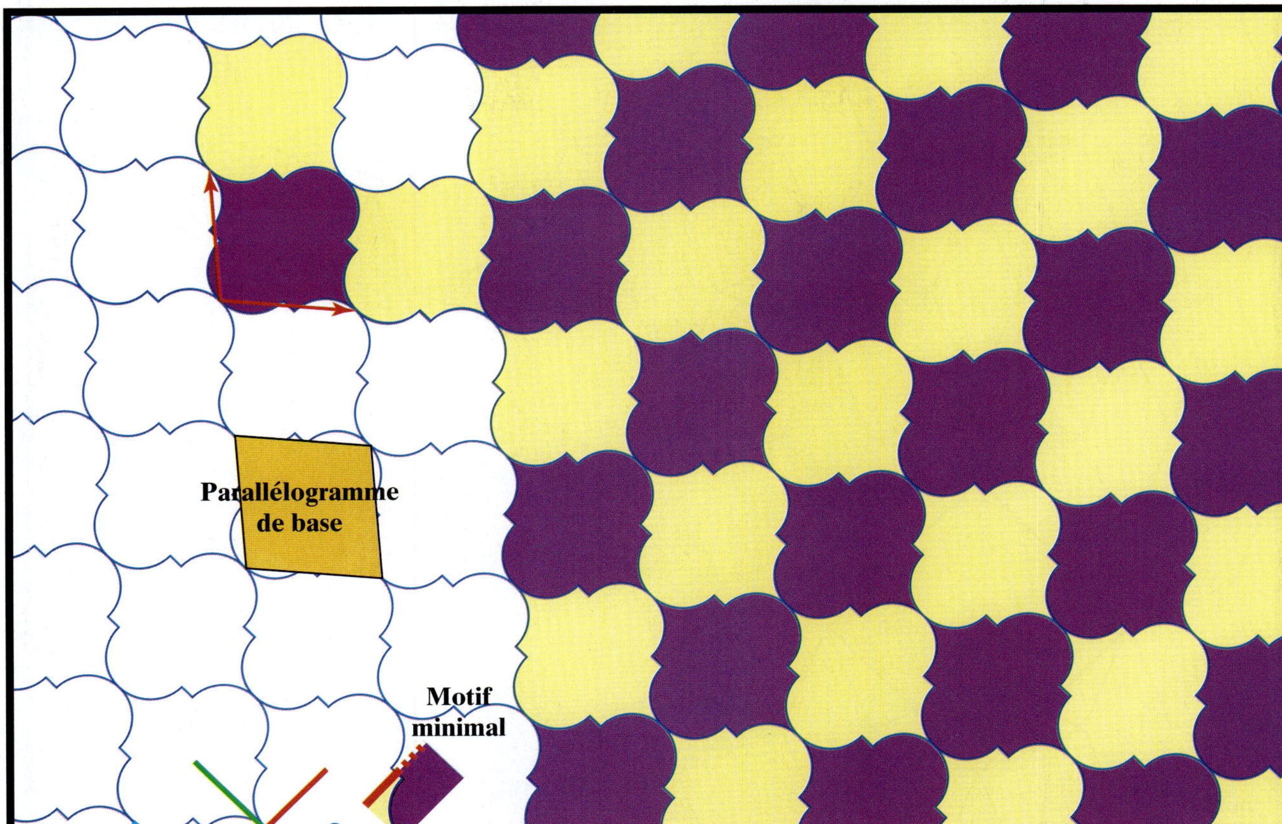

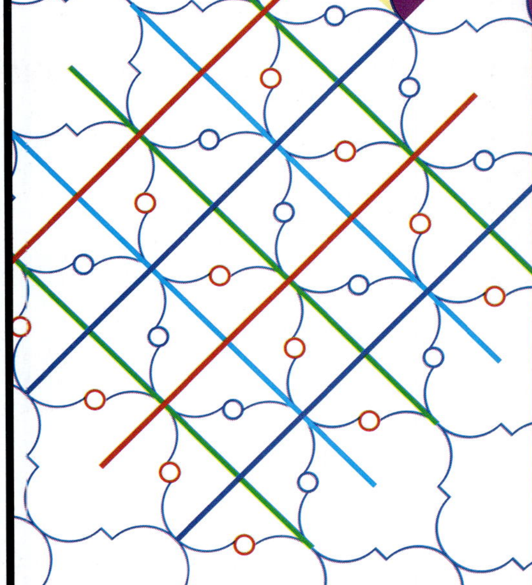

Cornet fabriqué en recollant les deux moitiés d'un côté de rectangle reproductibles par deux symétries d'axes perpendiculaires.

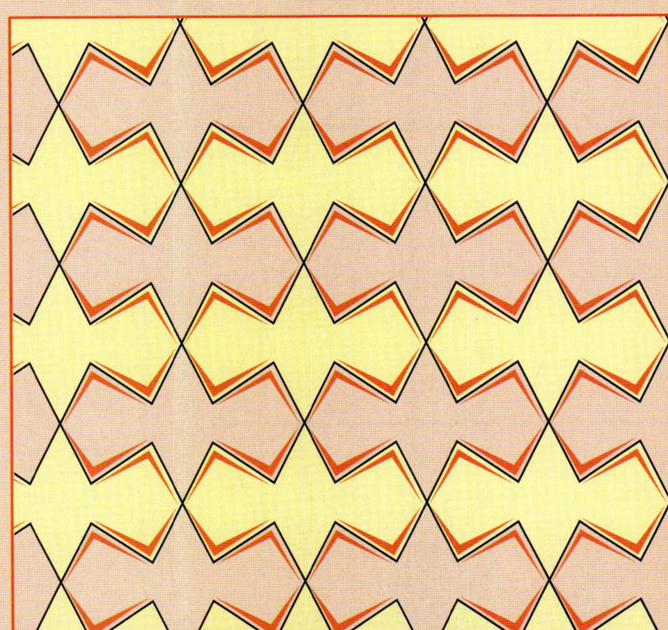

2 familles de translations, 2 familles de réflexions d'axes deux à deux perpendiculaires, 2 familles de glissages, 4 familles de demi-tours, de centres aux centres des mailles

M2R4 : carré quatre rotatif glissant

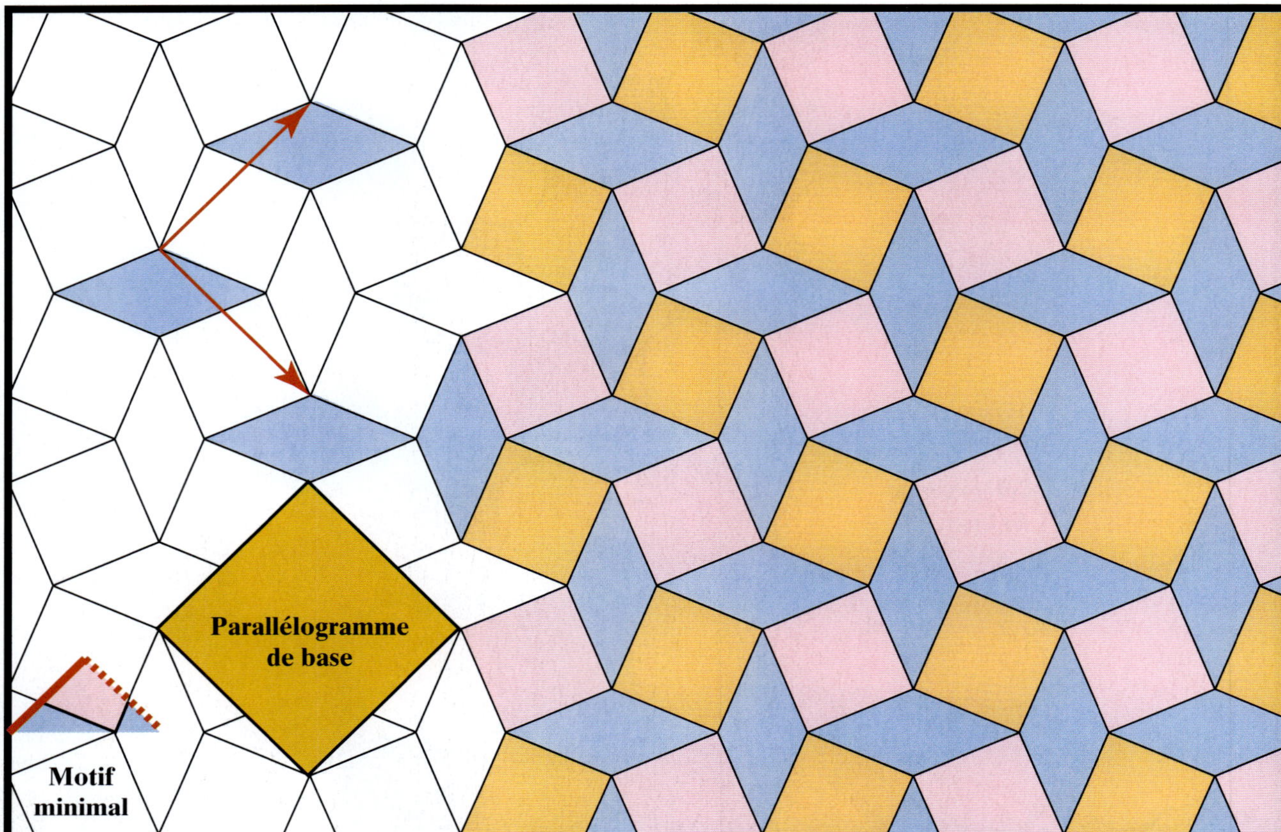

Cornet fabriqué en recollant deux côtés adjacents d'un carré reproductible par symétrie

2 familles de translations, 2 familles de réflexions d'axes perpendiculaires, 2 familles de demi-tours
2 familles de quarts de tour, 2 familles de glissages

M3 : hexagonal trisymétrique

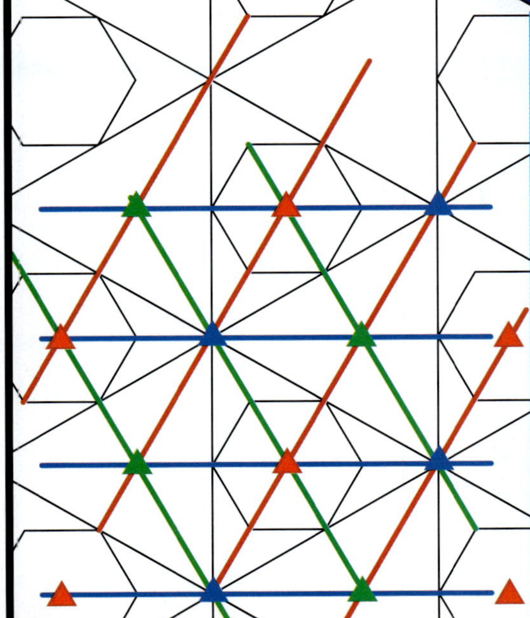

Triangle équilatéral reproductible par 3 symétries autour de ses côtés.

2 familles de translations, 3 familles de réflexions, 3 familles de tiers de tour de centres aux intersections de ces axes

M3R3 : hexagonal trois rotatif symétrique

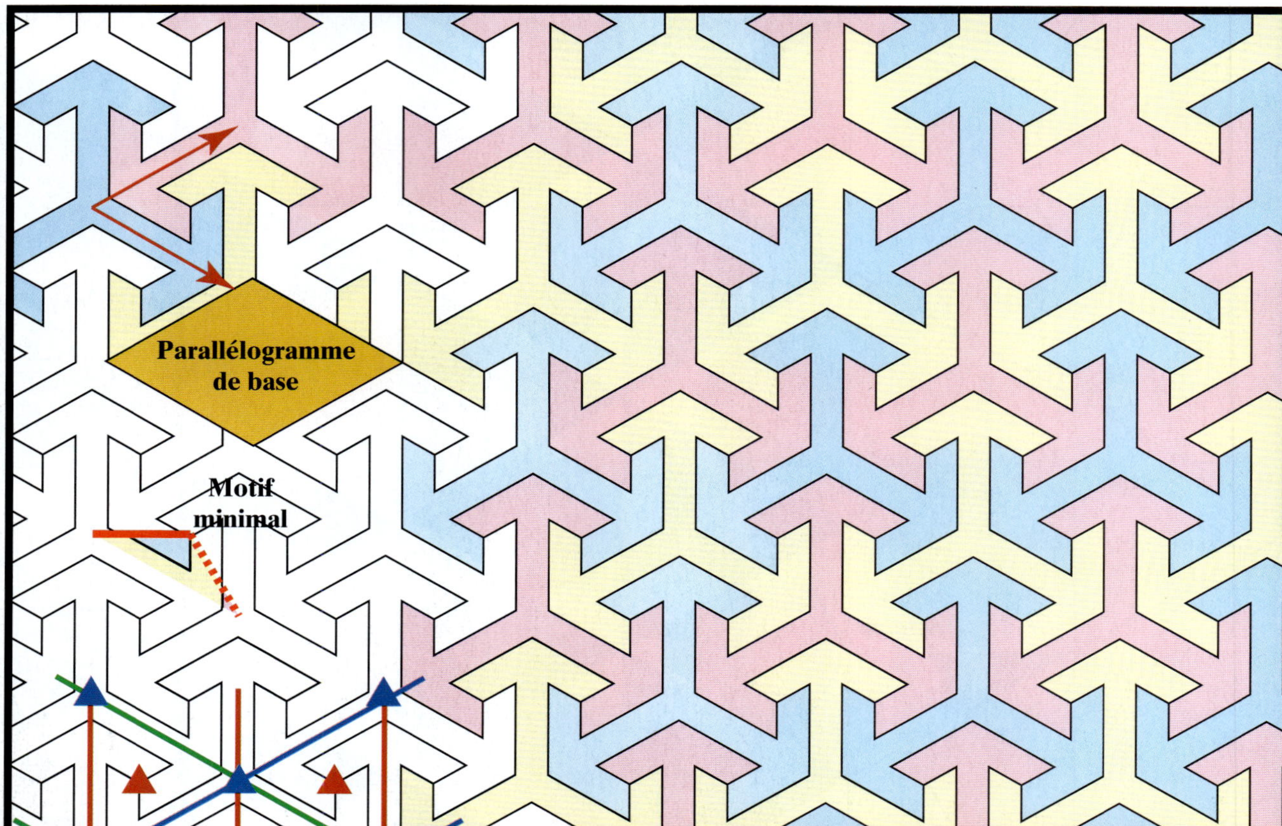

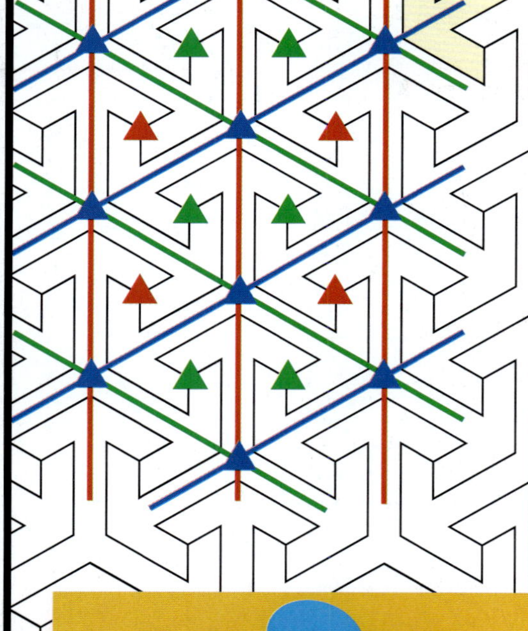

Cornet fabriqué en recollant les deux côtés d’un triangle isocèle d’angle au sommet 120°, reproductible par symétrie.

2 familles de translations, 3 familles de réflexions, 3 familles de tiers de tour dont 2 ont pour centres les centres de la trame des axes des réflexions

M4 : carré totalement symétrique

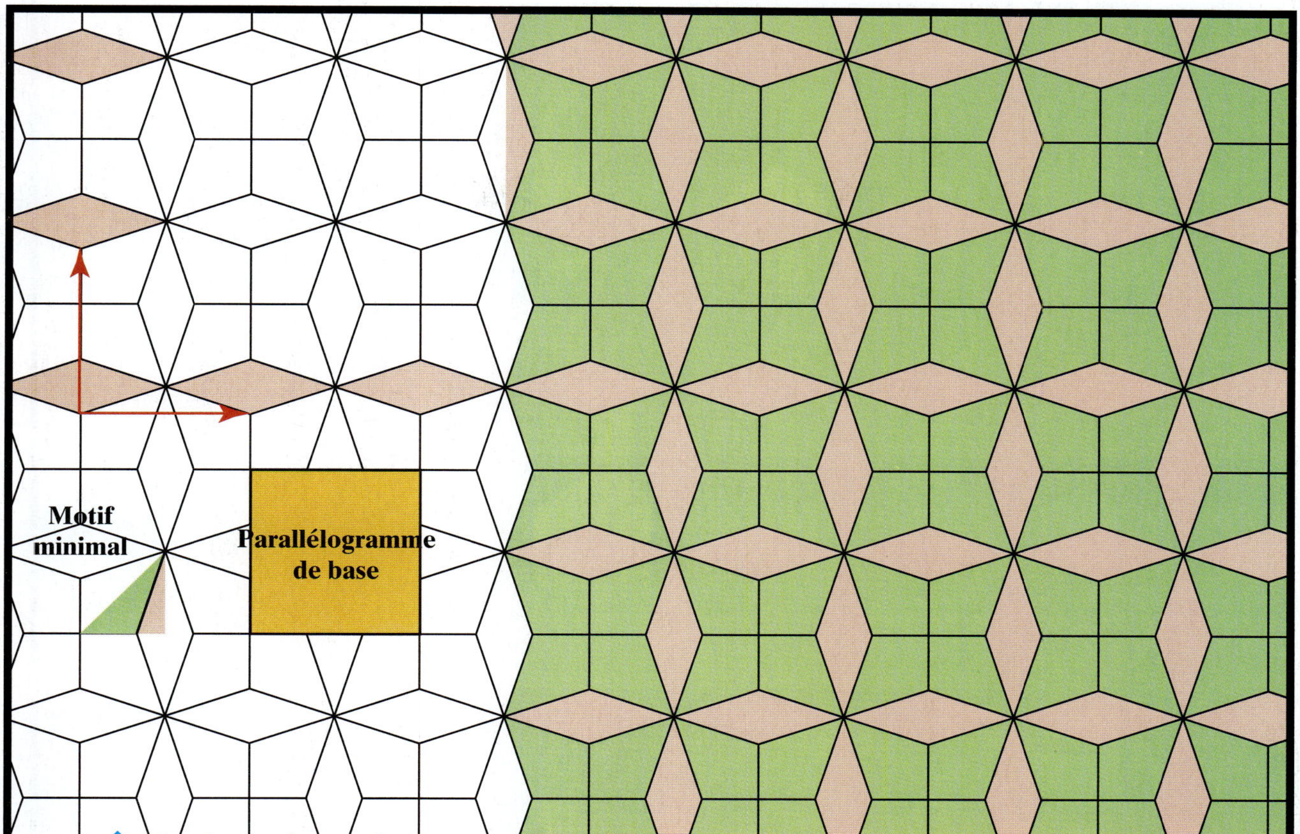

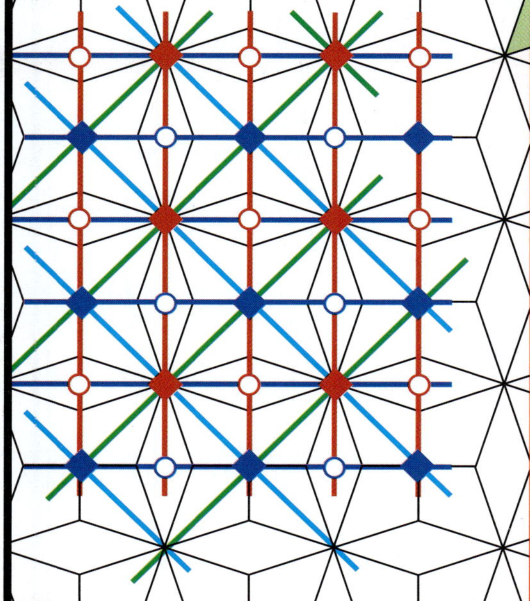

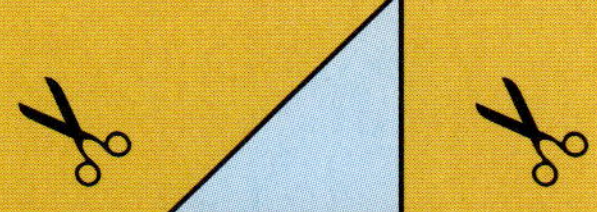

Triangle demi-carré reproductible par trois symétries autour de ses côtés.

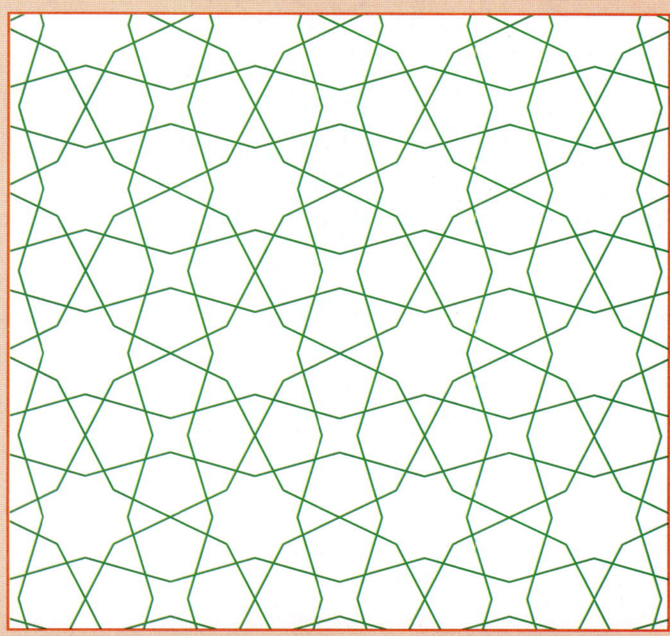

2 familles de translations, 4 familles de réflexions d'axes 2 à 2 perpendiculaires, 2 familles de quarts de tour
2 familles de demi-tours

M6 : hexagonal totalement symétrique

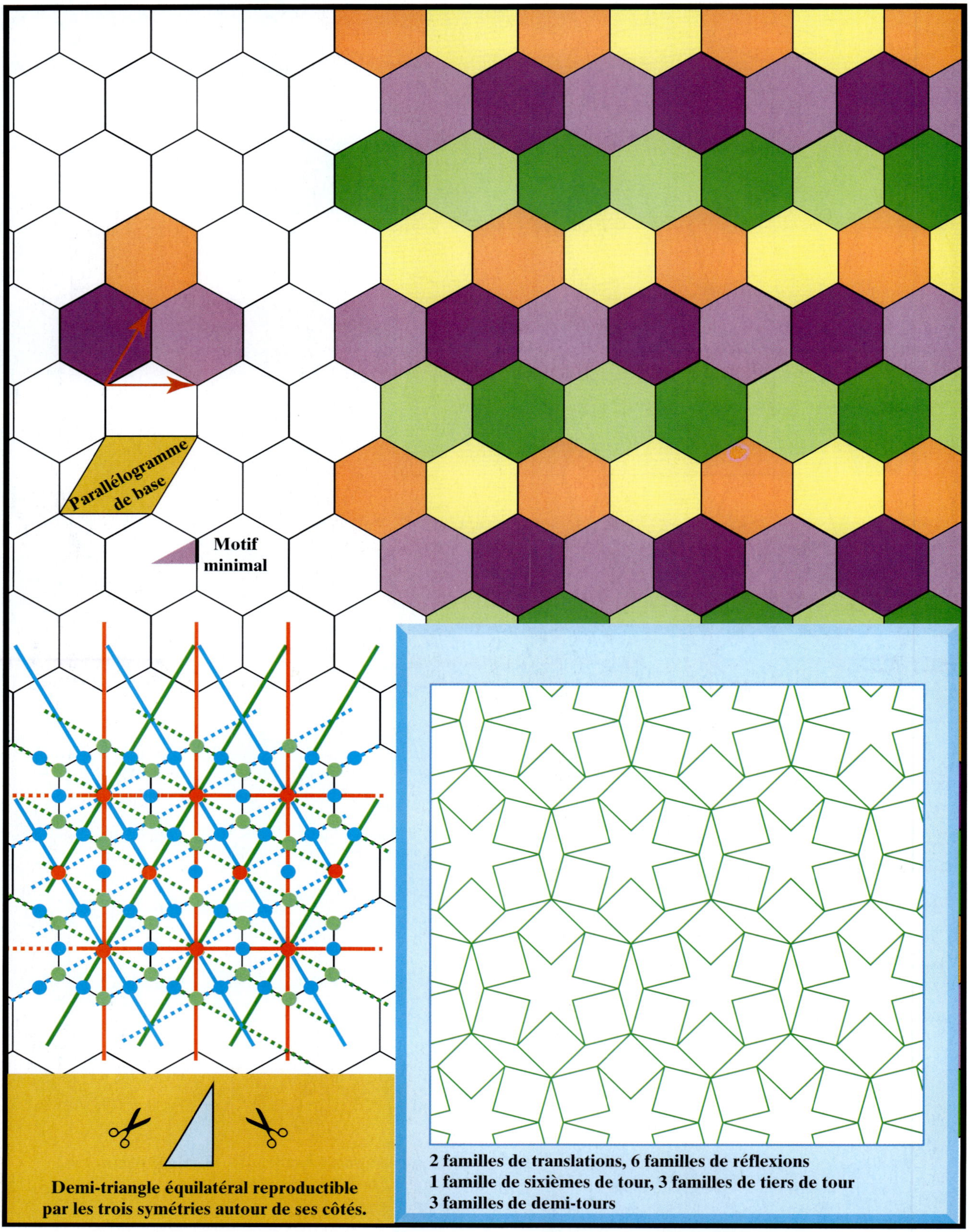

Demi-triangle équilatéral reproductible par les trois symétries autour de ses côtés.

2 familles de translations, 6 familles de réflexions
1 famille de sixièmes de tour, 3 familles de tiers de tour
3 familles de demi-tours

Comment reconnaître la famille d'un pavage ?

Le pavage est-il identique à son image dans un miroir ?

NON — **Quelle est la rotation d'angle minimal non nul ?**

Miroir	Rotation	Famille	Nom des groupes	Nom des cristallographes	Nom du Kangourou
NON	0	Parallélogrammique asymétrique	C1	p1	R0
NON	$2\pi/2$	Parallélogrammique symétrique	C2	p2	R2
NON	$2\pi/3$	Hexagonal 3-rotatif	C3	p3	R3
NON	$2\pi/4$	Carré 4-rotatif	C4	p4	R4
NON	$2\pi/6$	Hexagonal 6-rotatif	C6	p6	R6

OUI — **Combien y a-t-il de directions d'axe de symétrie ?**

Miroir	Directions d'axe de symétrie	Y a-t-il des rotations entre les mailles ? De quel angle ?	Glissage ?	Famille	Nom des groupes	Nom des cristallographes	Nom du Kangourou
OUI	0	0		Rectangulaire glissant	D1gg	pg	M0g
OUI	0	$2\pi/2$		Rectangulaire biglissant	D2gggg	pgg	M0R2
OUI	1	0	NON	Rectangulaire monosymétrique	D1kk	pm	M1
OUI	1	0	OUI	Rhombique monosymétrique	D1kg	cm	M1g
OUI	1	$2\pi/2$		Rectangulaire glissant symétrique	D2kkgg	pmg	M1R2
OUI	2	0		Rectangulaire bisymétrique	D2kk	pmm	M2
OUI	2	$2\pi/2$		Rhombique bisymétrique	D2kgkg	cmm	M2R2
OUI	2	$2\pi/4$		Carré 4-rotatif glissant	D_4^0	p4g	M2R4
OUI	3	0		Hexagonal tri-symétrique	D_3^0	p3m1	M3
OUI	3	$2\pi/3$		Hexagonal 3-rotatif symétrique	D_3^*	p31m	M3R3
OUI	4			Carré totalement symétrique	D_4^*	p4m	M4
OUI	6			Hexagonal totalement symétrique	D_6	p6m	M6

Les 17 pavages du plan

C'est le cristallographe Fedorov (Annales de l'Université de Saint-Petersbourg, 1891) qui a montré l'existence et l'heptadécacité des familles de pavages. Sur ce tableau, la notation de la deuxième colonne de droite est celle des "Tables internationales de cristallographie au rayon X". Nous proposons en troisième colonne, un nom facile à retenir et compatible avec l'algorithme de reconnaissance.

Pavages particuliers

Photo Florine Vincent

Au chevet de l'église de Selommes en Vendômois (ci-contre), l'appareillage des pierres semble un début de catalogue : six pavages différents y sont reconnaissables.
Les briques y ont la forme de polygones simples, comme ceux des pages suivantes où nous avons réuni des dallages et carrelages remarquables…

Le secret des dallages

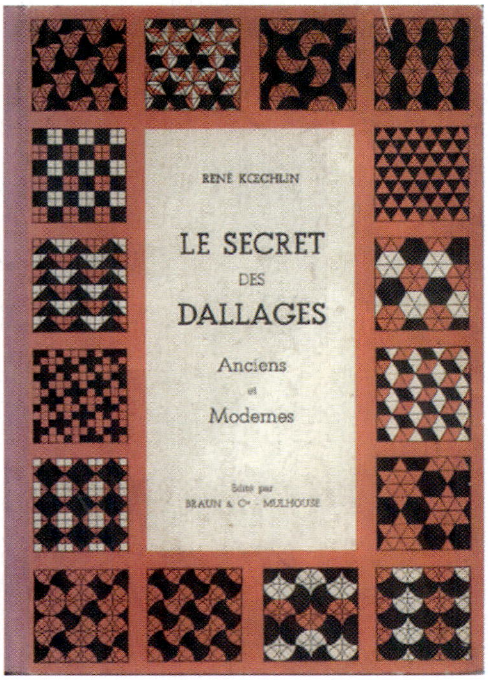

Et c'est en fouillant dans les vieux bouquins que nous avons retrouvé deux petites merveilles dont nous vous offrons ici quelques extraits :
— **Le Sphinx**, revue Périodique des Questions Récréatives (voir page 48) ;
— **Le Secret des Dallages anciens et modernes** de René Kœchlin.
Ce dernier classe les "dallages-mosaïques" en quatre systèmes géométriques :
I. Le carré et ses deux dérivés : le triangle rectangle à deux côtés égaux, et l'octogone.
II. Le triangle isocèle et ses deux dérivés : le losange et l'hexagone.
III. Les cercles dont les centres sont disposés en triangles équilatéraux.
IV. Les cercles dont les centres sont disposés en carrés.

I

II

III

IV

Les carrelages du Sphinx

D. R. E. P. Jacobs

Voici la couverture du premier numéro du Sphinx et, ci-après, le joli article de M. Kraïtchik sur les carrelages qui ouvre ce numéro et que nous nous sommes permis de colorier.

En assemblant des carreaux d'une certaine forme, on arrive à couvrir entièrement une surface donnée. Par exemple, par l'emploi exclusif de rectangles et carrés on trouve l'assemblage de la figure suivante :

fig. 1

Les dimensions sont :
pour le carré 1×1, pour le rectangle : 2×4.

Première année Numéro 1 Avril 1931

Revue Périodique des Questions Récréatives

Administration : M. Kraitchik, 75, Rue Philippe Baucq, à Bruxelles

Téléphone 33.48.58 — Chèques Postaux N° 192338

SPHINX

(*) De nombreux livres furent édités pour s'amuser en mathématiques : par exemple, *Récréations arithmétiques* ou *Curiosités géométriques* de **Fourrey** et *Avec des nombres et des lignes* de **Sainte Laguë**.

Les assemblages les plus curieux sont peut-être ceux qu'on obtient en déformant le triangle, le carré ou l'hexagone. Ainsi pour la déformation d'un carré on peut constituer l'*échiquier cubiste* que nous donnons ci-contre (fig. 2).

fig. 2

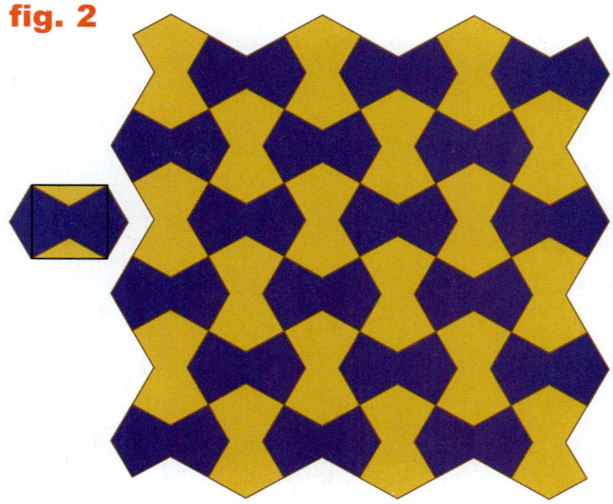

On doit à M. le Major Macmahon une étude systématique des assemblages obtenus par une déformation de trois figures : le triangle, le carré et l'hexagone, pouvant constituer un assemblage régulier. Nous donnons ci-dessous quelques figures qui nous ont été inspirées par ce travail. Nous les avons toutes coloriées en un nombre minimum de couleurs. Nous allons les examiner séparément.

fig. 3

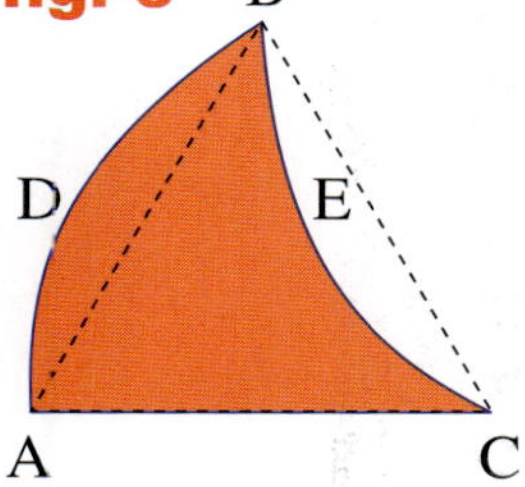

On peut faire subir au triangle équilatéral une déformation qu'on peut qualifier de régulière et qui est telle que la surface du triangle n'est pas altérée (fig. 3 et 4). Par un assemblage convenable de ces triangles curvilignes, on arrive à couvrir entièrement une surface plane (fig. 5 et 6).

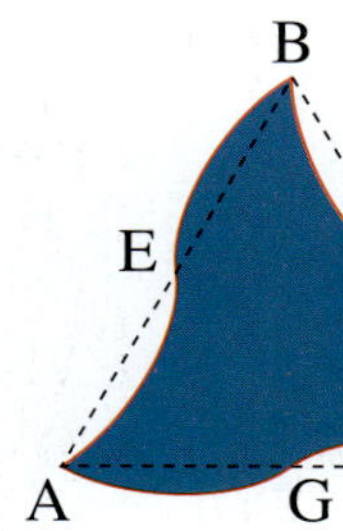

fig. 4

fig. 5

Le carré peut subir une déformation analogue (fig. 7 et 8).

fig. 7

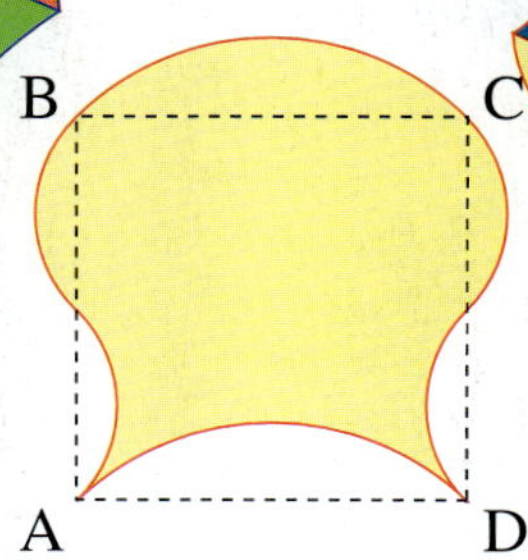

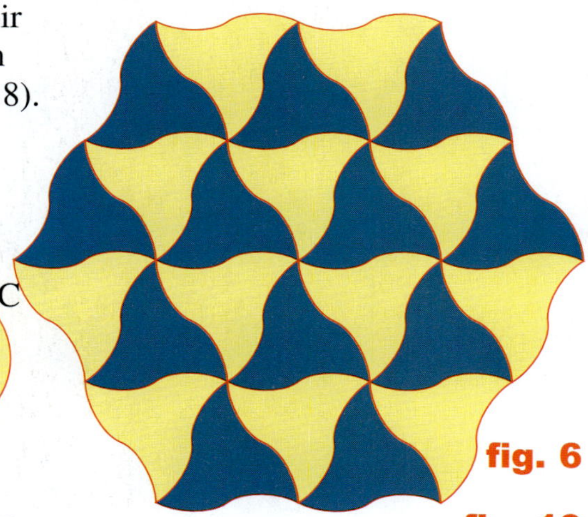

fig. 6

fig. 9

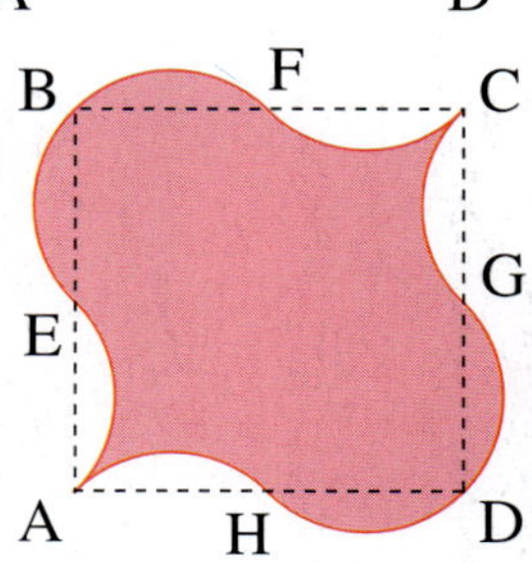

fig. 8

Par un assemblage convenable de ces figures, on constitue un échiquier déformé (fig. 9 et 10).

fig. 10

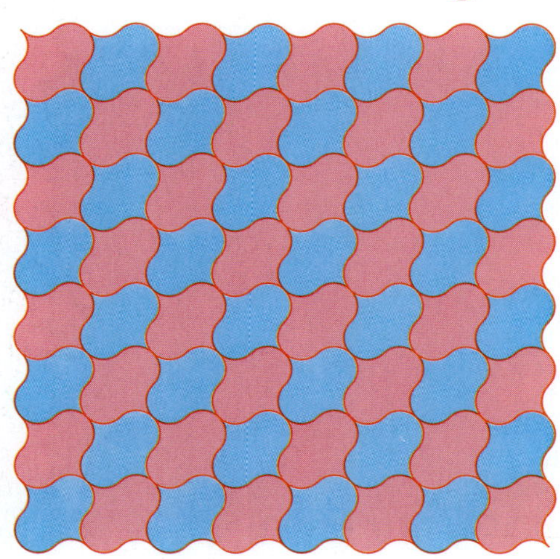

On peut faire subir au carré d'autres déformations comme celles qui sont indiquées aux fig. 11, 12 et 13.

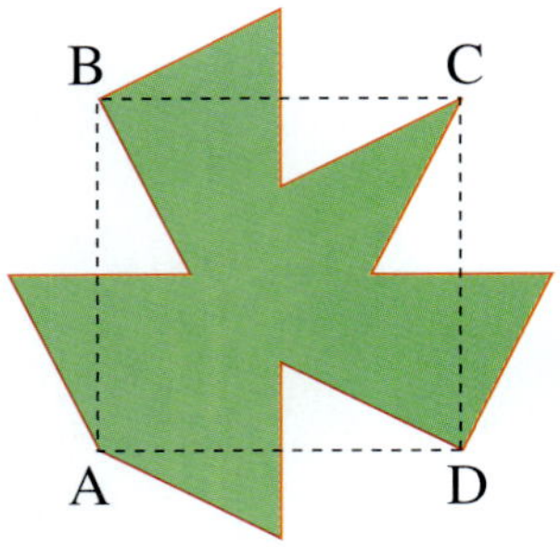

fig. 11

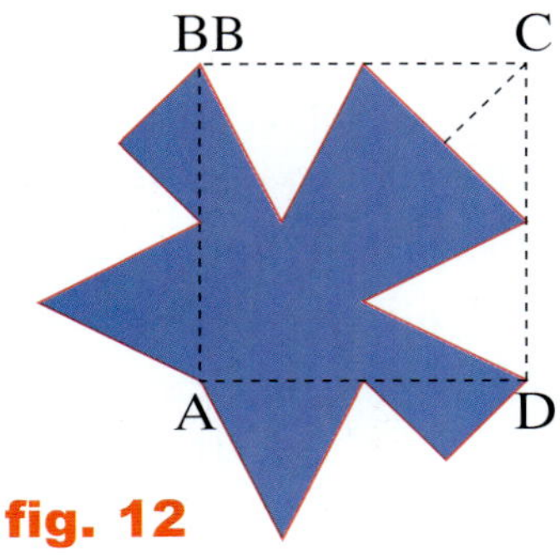

fig. 12

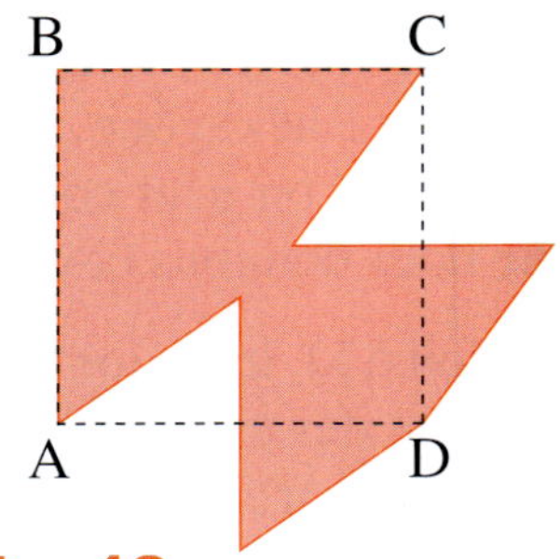

fig. 13

fig. 14

Par un assemblage convenable de ces carrés déformés, on couvre une surface plane. Nous donnons ici différents aspects de ces assemblages (fig. 14 à 19).

fig. 15

fig. 16

fig. 17

fig. 18

fig. 19

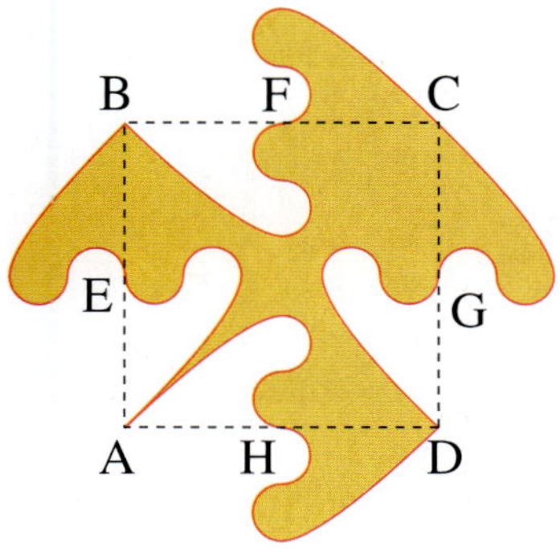

fig. 20

On arrive à déformer le carré de telle façon qu'on puisse difficilement reconnaître dans la figure déformée une origine rectiligne (fig. 20).

Voici un assemblage de ces figures déformées (fig. 21).

fig. 21

L'hexagone peut également subir des modifications analogues (fig. 22 et 23).

fig. 22

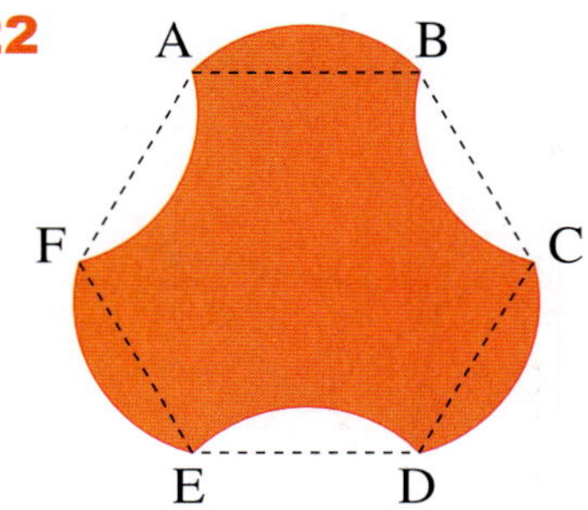

Par leur assemblage on constituera "le tricolore de fantaisie" (fig. 24 et 25).

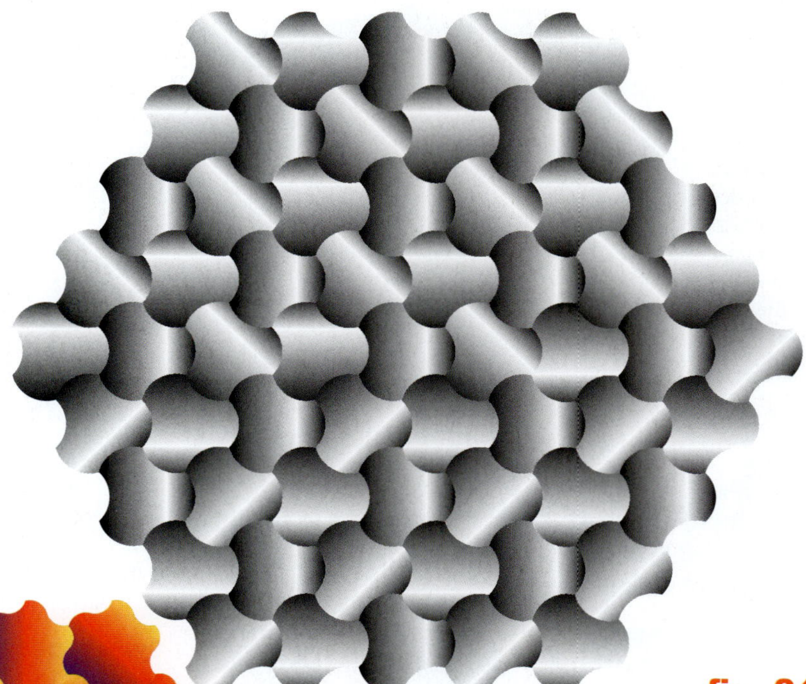

fig. 24

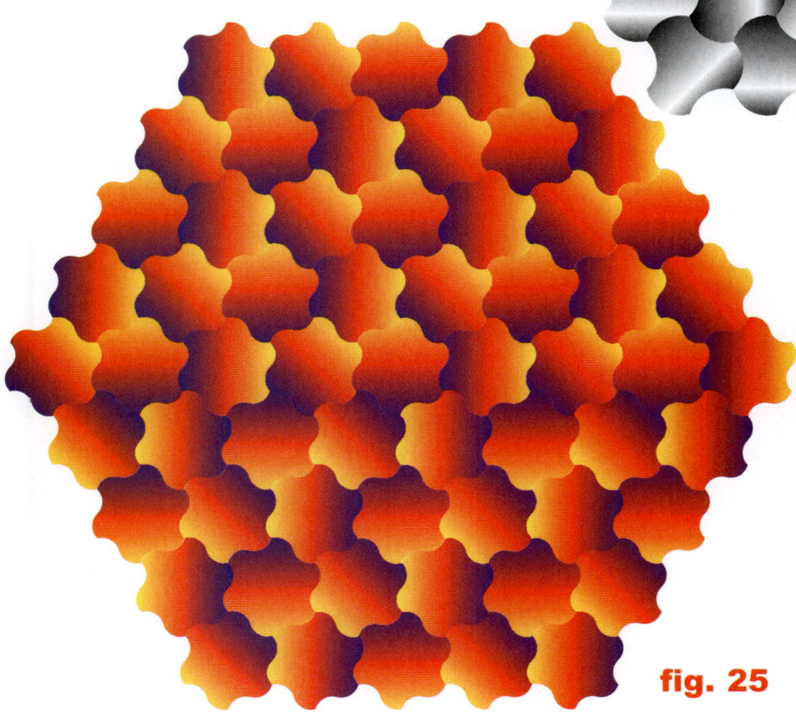

fig. 25

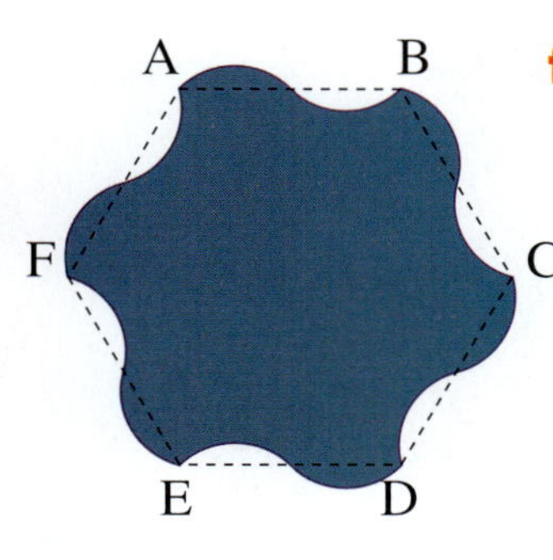

fig. 23

Paver avec des carreaux de 4 côtés, 5 côtés, 6 côtés

Dans tout quadrilatère, aussi bizarre soit-il, se cache un **parallélogramme** :

C'est l'un des trois premiers beaux théorèmes que l'on rencontre en géométrie : le quadrilatère joignant les milieux des côtés d'un quadrilatère *quelconque* est, lui, un parallélogramme.

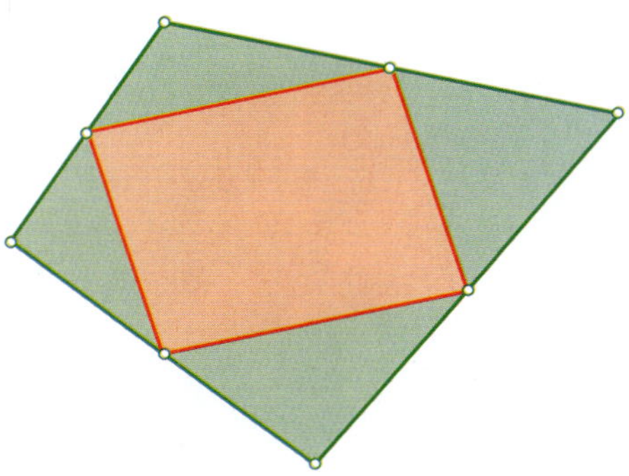

Alors, puisque l'on peut paver le plan avec des carreaux ayant la forme d'un parallélogramme...

chaque quadrilatère n'étant qu'une enveloppe en forme de parallélogramme déplié...

on doit pouvoir paver le plan avec des carreaux ayant la forme d'un quadrilatère quelconque !

Pour cela, faisons tourner le quadrilatère d'un demi-tour autour de chacun des milieux de ses côtés.

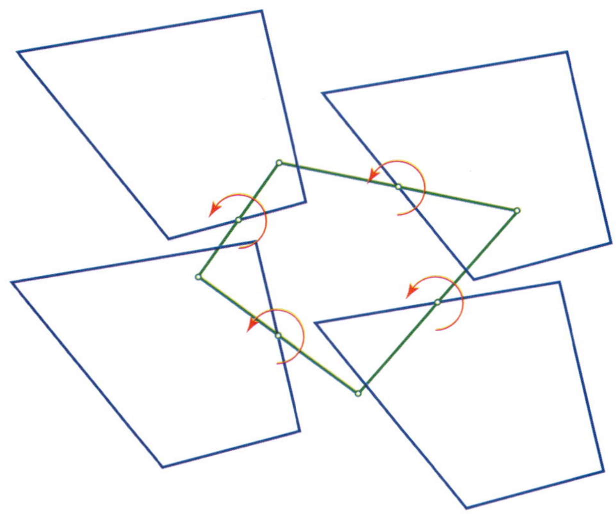

Les égalités d'angles marqués sur la figure suivante se déduisent des propriétés de la symétrie centrale, en partant des angles du quadrilatère initial.

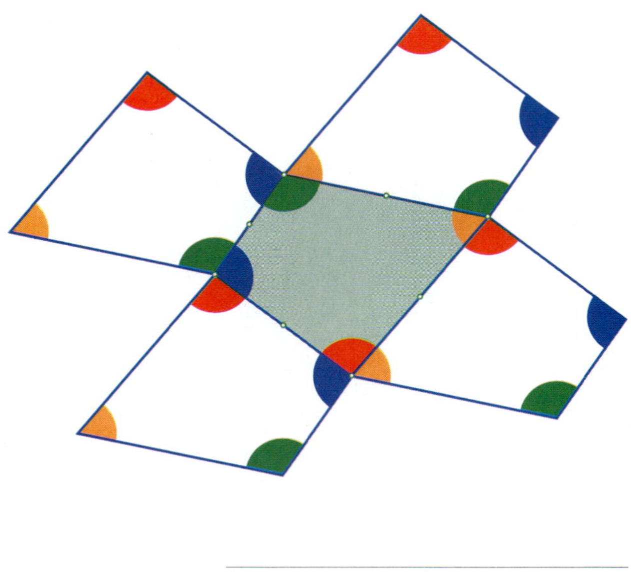

Mais attention, c'est extraordinaire ! La somme des angles d'un quadrilatère valant 360°, on peut donc, dans les quatre "coins" qui restent, juste glisser un quadrilatère (qui est d'ailleurs symétrique des deux qu'il côtoie par rapport au milieu de leurs côtés).

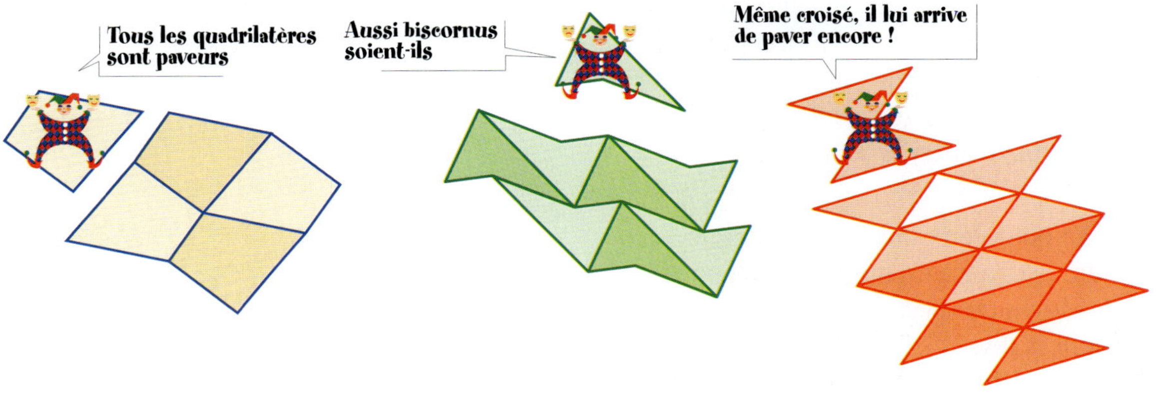

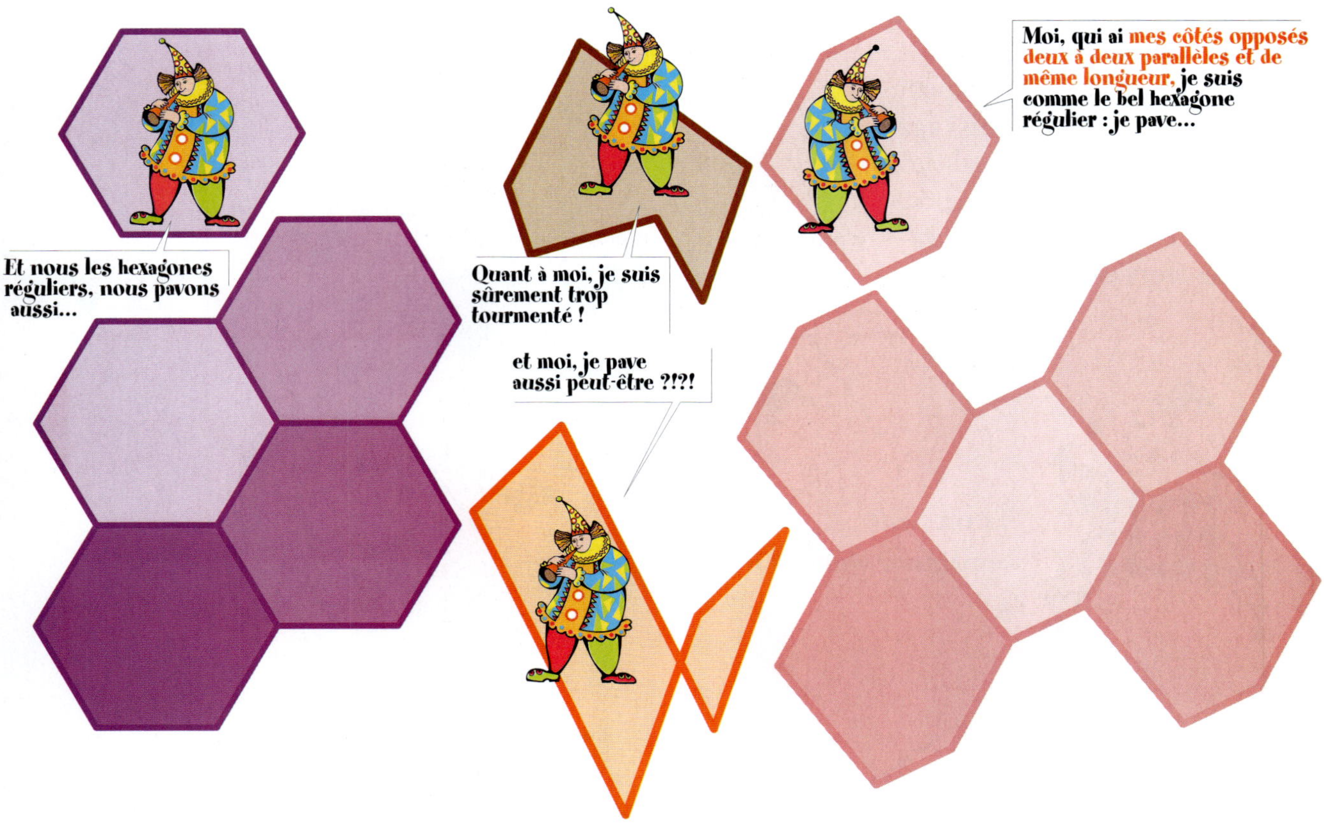

Aussi étonnant que cela paraisse au premier abord, l'hexagone représenté ci-contre pave le plan en vertu du théorème suivant :

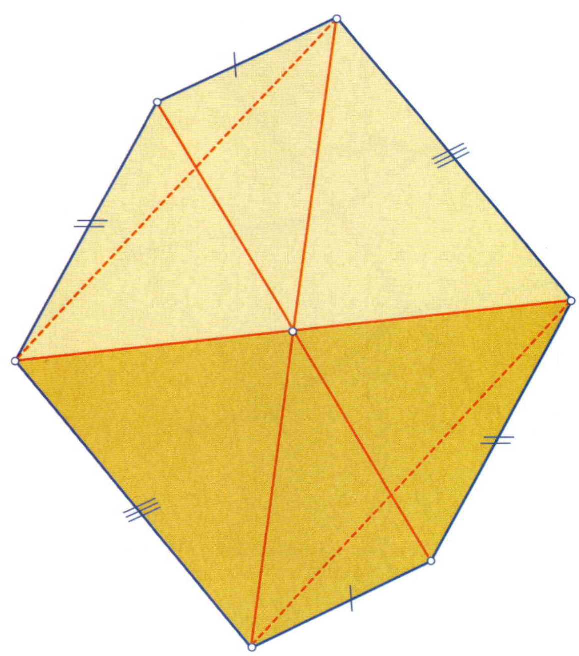

Théorème des paveurs hexagonaux :
Si un hexagone a, deux à deux, ses côtés opposés parallèles et de même longueur, alors c'est un carreau qui pave le plan.

Démonstration : Si un hexagone a, deux à deux, ses côtés parallèles et de même longueur, alors ses diagonales (qui sont aussi celles de parallélogrammes) se coupent en leur milieu (voir la figure).
Et chacune de ces diagonales découpe cet hexagone en deux quadrilatères symétriques. Comme ce quadrilatère pave le plan par des symétries successives, l'hexagone (qui n'est qu'un couple accolé de deux tels quadrilatères symétriques) pave aussi le plan.

Remarque : pour ceux qui aimerait mieux comprendre pourquoi un tel hexagone pave le plan, le clown de service a une petite idée derrière la tête.
Entendez ce qu'il a à vous dire…

Quand à nous, nous n'avons rien de commun avec ces paveurs de plan ! Nous sommes d'honnêtes pentagones, sans beaucoup de régularités, ni de parallélogrammes tellement honteux qu'ils se cachent entre les milieux des côtés d'un quadrilatère !

Pourtant, il me semble apercevoir deux de vos côtés non adjacents, parallèles et de même longueur. Tournez-vous un peu pour voir ! Oui... autour du milieu du côté qui les touche, autour de votre "base".

Damnation ! Par symétrie autour du milieu de ma base, chacun des côtés non-adjacents parallèles a doublé de longueur et les deux derniers côtés ce sont reproduits parallèlement par symétrie.

Je suis aussi devenu un hexagone paveur (à côtés opposés parallèles et de même longueur) !
Au secours, je me perds dans une multitude de clones...

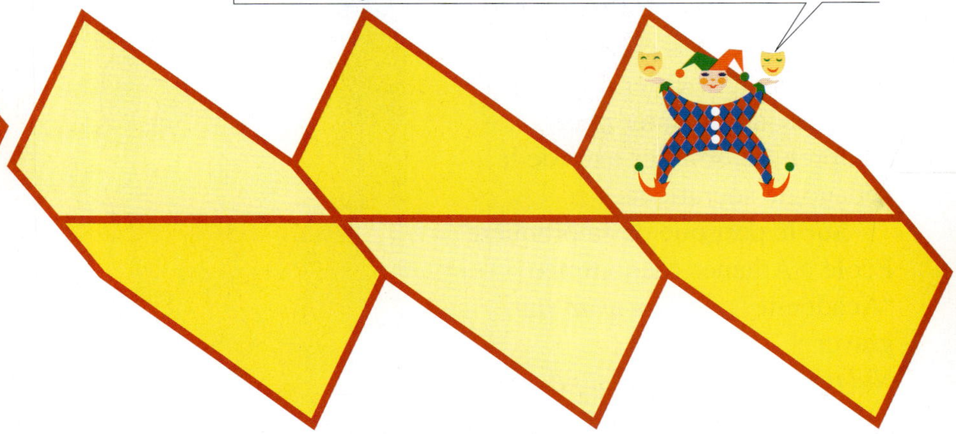

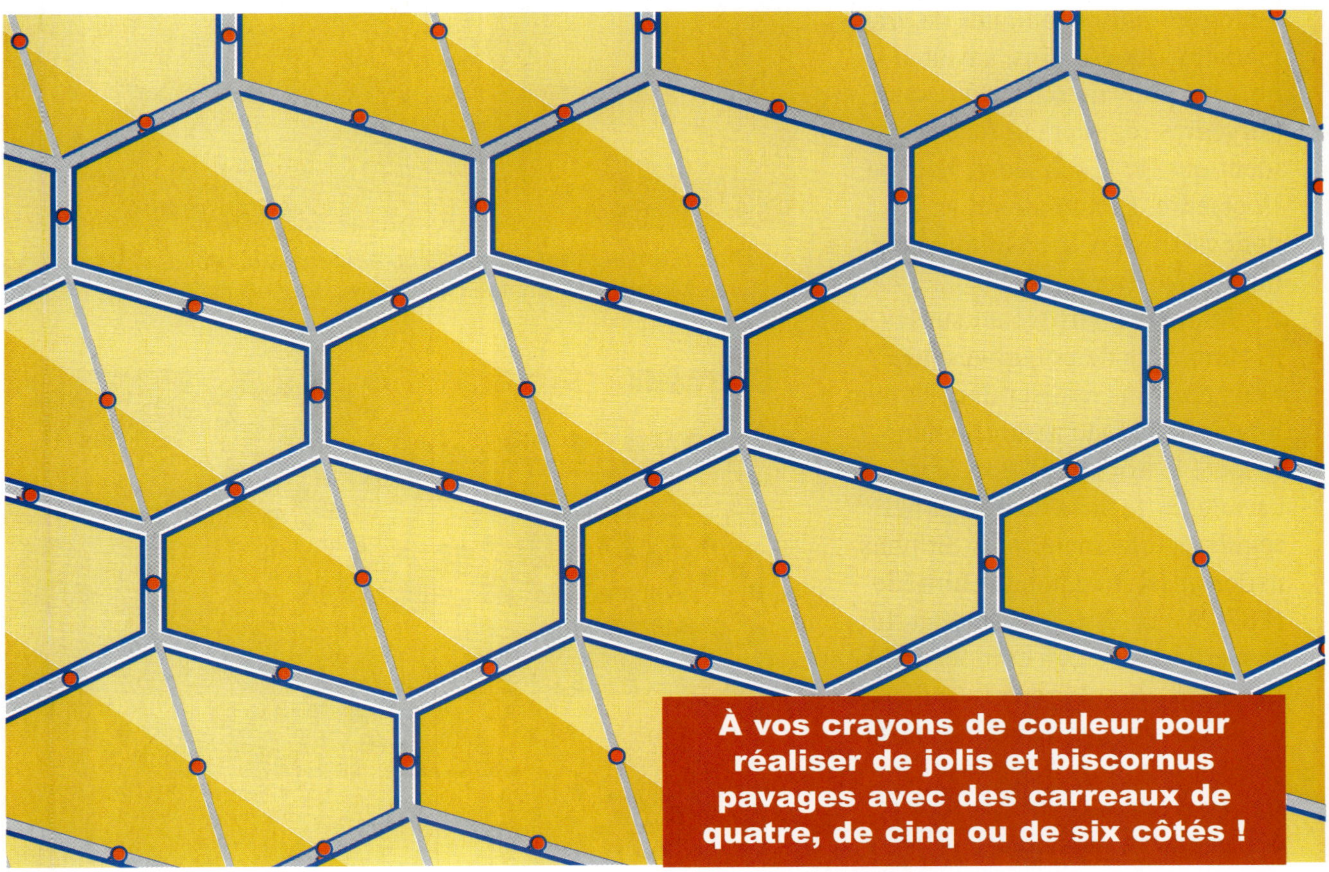

Carrelages de Platon et mosaïques d'Archimède

Platon, philosophe grec (427-345 av. J.-C.), était un disciple de Socrate dont l'enseignement était fondé sur le **dialogue** avec ses élèves. Questionner, discuter des réponses, argumenter pour comprendre, sont les axes de la pédagogie socratique.

Sur le portique de sa première École à Athènes (dénommée “Académie”), Platon avait fait graver :
Nul n'entre ici, s'il n'est géomètre !

On trouve, en effet, dans ses dialogues philosophiques de vraies mathématiques. Ainsi savait-il qu'il ne pouvait exister que cinq polyèdres réguliers (à faces toutes identiques) : le tétraèdre, le cube, l'octaèdre, l'icosaèdre et le dodécaèdre. (À lire : le dialogue intitulé ***Le Timée***.)

En nous interrogeant sur les assemblages de polygones que nous pouvons réaliser dans le plan, nous avons donc naturellement associé le nom de Platon, aux carrelages formés de polygones réguliers tous identiques. Et nous avons aussi invoqué **Archimède** (287-212 av. J.-C.) qui s'était, lui aussi, intéressé aux compositions de *différents* polygones réguliers. (Voir les affiches des Éditions du Kangourou intitulées :
Les polyèdres archimédiens et **Carreaux et mosaïques**.)

Platon enseignant à ses disciples dans les jardins d'Akademos.
Mosaïque romaine de Pompéi. Musée National de Naples.

Angles et polygones

Voyons d'abord quelques résultats simples sur les polygones et leurs angles. Pour plus de facilité, nous prendrons le "tour" comme unité d'angle.

La somme des angles d'un triangle vaut 1/2…

… comme le montre le pliage classique (fig. 1).

fig. 1

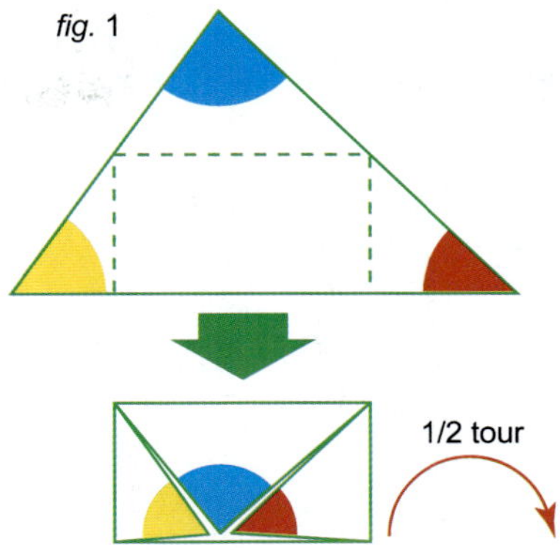

Intéressons-nous maintenant aux polygones "sans coins cachés".

Plus précisément : soit un polygone de n côtés ayant un point intérieur O d'où l'on peut voir chaque côté du polygone. Le polygone se décompose en n triangles de sommet O. (fig. 2)

fig. 2

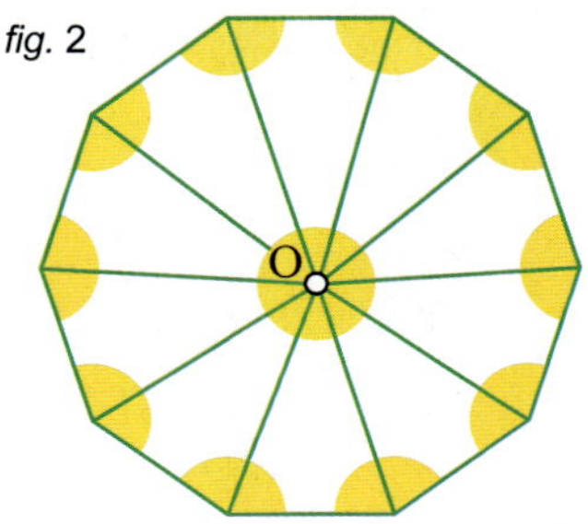

La somme des angles de ces triangles vaut $n/2$; or cette somme est exactement la somme des angles du polygone plus 1 (le tour autour de O). D'où :

la somme des angles d'un polygone de n côtés (sans coins cachés) vaut $\frac{n}{2} - 1$.

En appliquant ce résultat aux polygones réguliers (fig. 3) on voit que l'angle d'un polygone régulier de n côtés vaut $\frac{n/2 - 1}{n}$. D'où :

l'angle d'un polygone régulier de n côtés vaut $\frac{1}{2} - \frac{1}{n}$.

Remarque : si $n \geqslant 3$, l'angle vaut au moins $\frac{1}{6}$.

fig. 3

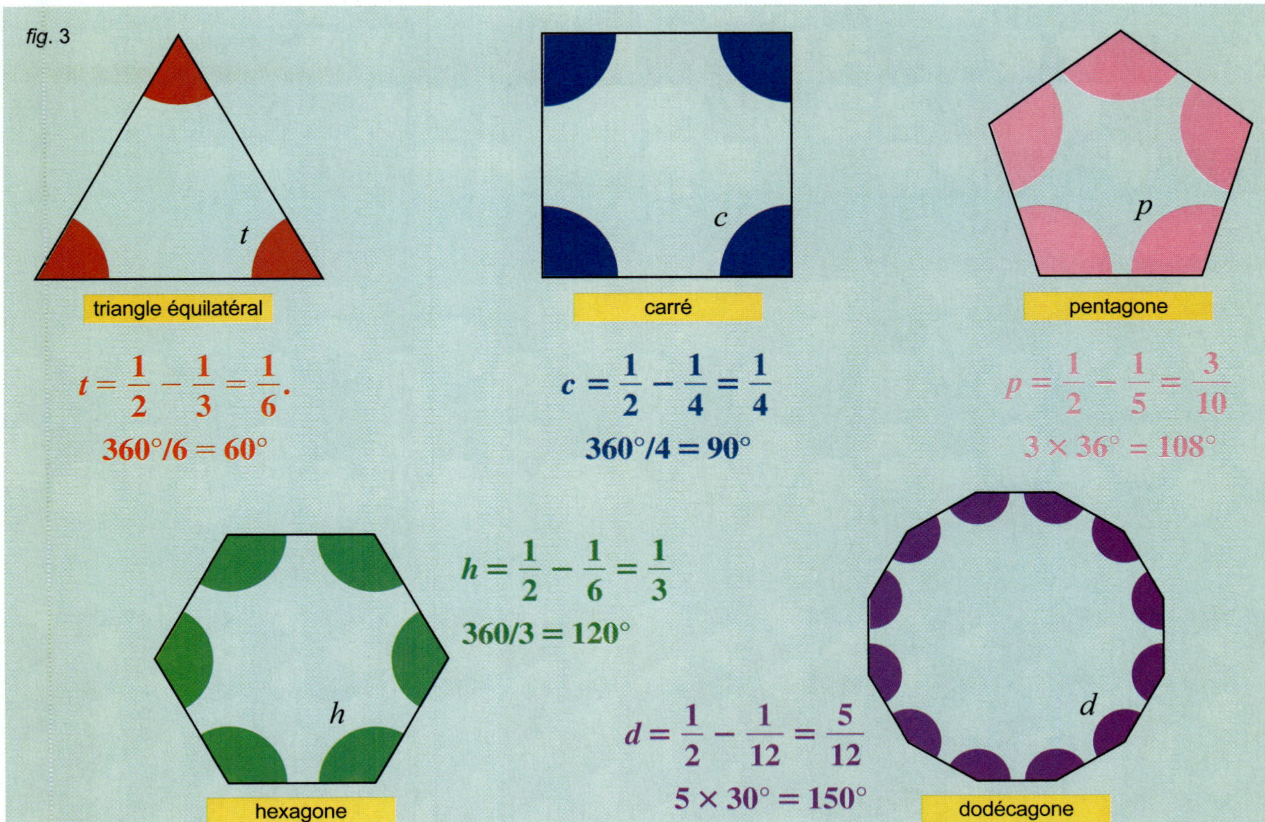

Pavages de polygones réguliers

Appelons **carrelage de Platon**, un pavage constitué de polygones réguliers à n côtés, tous identiques et à nœuds tous identiques, confondus avec les sommets des polygones.

Soit un pavage de Platon ayant p polygones en un nœud. On a $p\alpha = 1$ (fig. 4) et donc, d'une part $p \leqslant 6$ (alors $p = 3, 4, 5$ ou 6) ;
d'autre part

$$\alpha = \frac{1}{p} = \frac{1}{2} - \frac{1}{n},$$

soit $\frac{1}{p} + \frac{1}{n} = \frac{1}{2}$.

fig. 4

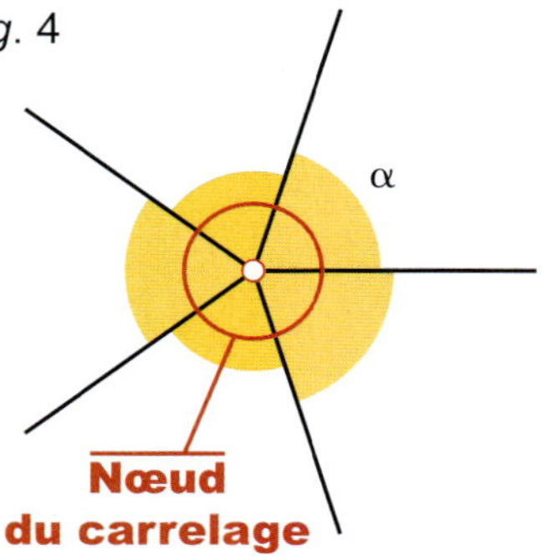

Les seules solutions sont :

$\boldsymbol{p = 3}$ et $\boldsymbol{n = 6}$
(pavages d'hexagones réguliers groupés par 3).

$\boldsymbol{p = 4}$ et $\boldsymbol{n = 4}$
(pavages de carrés groupés par 4).

$p = 5$ et $n = 10/3$, non entier, n'est pas une solution.

$\boldsymbol{p = 6}$ et $\boldsymbol{n = 3}$
(pavages de triangles équilatéraux groupés par 6).

Il y a donc 3 pavages de Platon et 3 seulement, ci-dessous représentés.

Platon

Carrelage de Platon carré

Carrelage de Platon hexagonal

Carrelage de Platon triangulaire

Mosaïques d'Archimède

Appelons **mosaïque d'Archimède**, un pavage constitué de polygones réguliers, tous identiques et à nœuds tous identiques, confondus avec les sommets des polygones.

Pour un pavage archimédien, soit α_1, α_2, …, α_p les angles autour d'un nœud et n_1, n_2, …, n_p les nombres de côtés des p polygones autour de ce même nœud (fig. 5).
On doit avoir :

$$\alpha_1 + \alpha_2 + \ldots + \alpha_p = 1$$

et, pour chaque i :

$$\alpha_i = \frac{1}{2} - \frac{1}{n_i}.$$

D'où, en ajoutant membre à membre ces p dernières égalités :

$$1 + \frac{1}{n_1} + \ldots + \frac{1}{n_p} = \frac{p}{2},$$

avec $3 \leqslant p \leqslant 6$ (puisque chaque α_i est supérieur ou égal à 1/6).

Il s'agit donc de trouver…

… pour $p = 3$, les triplets (n_1, n_2, n_3) tels que

$$\frac{1}{n_1} + \frac{1}{n_2} + \frac{1}{n_3} = \frac{1}{2}$$

… pour $p = 4$, les quadruplets (n_1, n_2, n_3, n_4) tels que

$$\frac{1}{n_1} + \frac{1}{n_2} + \frac{1}{n_3} + \frac{1}{n_4} = 1$$

fig. 5

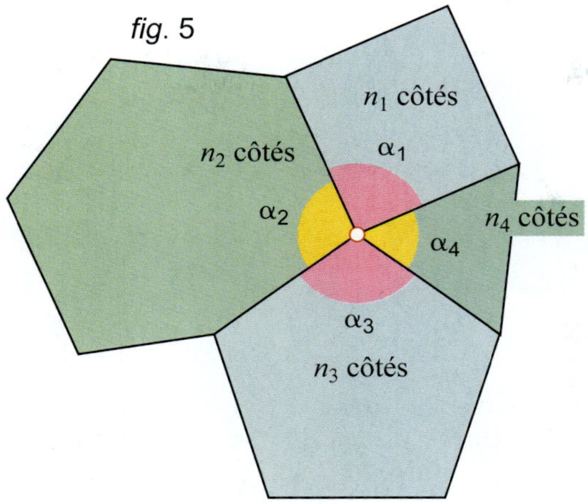

Archimède

La mort d'Archimède.
Mosaïque (non-archimédienne) de la Renaissance italienne.
Musée National de Naples.

… pour $p = 5$, les quintuplets $(n_1, n_2, n_3, n_4, n_5)$ tels que

$$\frac{1}{n_1} + \frac{1}{n_2} + \ldots + \frac{1}{n_5} = \frac{3}{2}$$

… pour $p = 6$, les sextuplets $(n_1, n_2, n_3, n_4, n_5, n_6)$ tels que

$$\frac{1}{n_1} + \frac{1}{n_2} + \ldots + \frac{1}{n_6} = 2,$$

chaque n_i étant au moins égal à 3.

Des solutions(*) faciles à trouver sont :

pour $p = 6$,
(3, 3, 3, 3, 3, 3)

pour $p = 5$,
(3, 3, 3, 3, 6) et **(3, 3, 3, 4, 4)**

pour $p = 4$,
(3, 3, 6, 6) et
(3, 4, 4, 6) et **(4, 4, 4, 4)**

pour $p = 3$,
(3, 12, 12) et **(4, 6, 12)**
et **(4, 8, 8)** et **(6, 6, 6)**.

Reste à disposer les p polygones autour de chaque sommet pour voir si la configuration géométrique convient.

La réponse nous réserve une petite surprise : la solution **(3, 3, 3, 4, 4)** donne deux pavages différents selon l'ordre dans lequel on place les polygones autour du sommet :
(3, 3, 3, 4, 4) ou **(3, 3, 4, 3,4)**.

On trouve donc huit solutions en plus des trois pavages de Platon. Elles sont dessinées pages suivantes.

(*) Il y a bien d'autres solutions numériques dues aux égalités :

$$\frac{1}{6} = \frac{1}{7} + \frac{1}{42} = \frac{1}{8} + \frac{1}{24} = \frac{1}{9} + \frac{1}{18} = \frac{1}{10} + \frac{1}{15} = \frac{1}{12} + \frac{1}{12}.$$

Mais ces conditions numériques nécessaires ne donnent aucune disposition géométrique possible.

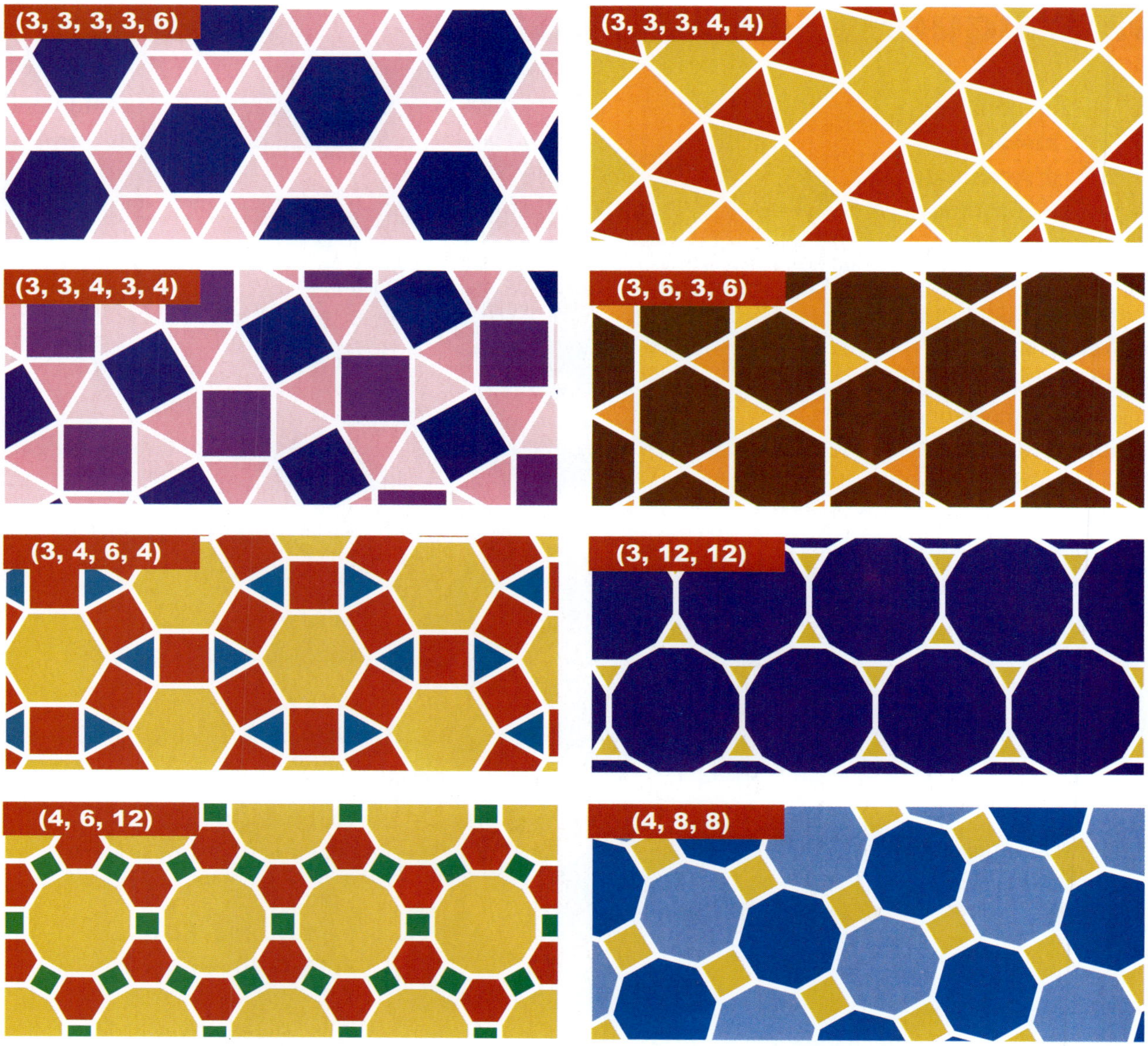

Le théorème du carreleur

Vous pouvez maintenant vous lancer dans le carrelage des murs et des sols avec confiance puisque vous connaissez le "théorème du carreleur" :

Si on veut paver le plan avec des carreaux réguliers…
… et si on veut que chaque coin de carreau ne touche que d'autres coins (condition 1),
… et que l'agencement des carreaux autour d'un coin soit partout le même (condition 2),
alors il y a exactement 11 manières de carreler :

- **3 manières avec des carreaux de la même forme (des triangles, des carrés ou des hexagones),**
- **8 manières avec des carreaux de formes différentes.**

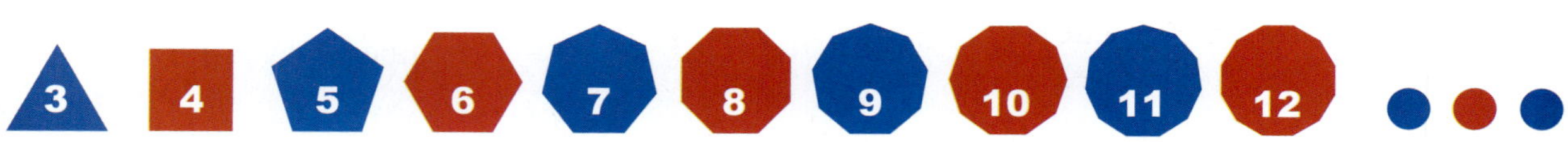

Méfiez-vous des imitations !

Le pavage ci-dessus semble composé de polygones réguliers. Cependant, s'il s'agit bien d'un magnifique pavage du type "carré totalement symétrique", il n'est pas constitué de polygones vraiment réguliers. Vous le constaterez en démontrant que les angles de l'heptagone orange, par exemple, ne sont pas tous égaux.

Les deux conditions signalées dans le "théorème du carreleur" (*non-décalage* et *coins identiques*), peuvent ne pas être vérifiées et donner lieu à de beaux pavages tout de même (ci-contre des types M2R2 et M6).

Les huit mosaïques d'Archimède décorent les deux dernières pages de ce livre…

Condition de non-décalage (1)

Aucun sommet de polygone ne se trouve sur le côté d'un autre. Le pavage ci-contre ne vérifie pas cette condition.

Condition des coins identiques (2)

La configuration autour de chaque sommet est la même. Le pavage ci-contre ne vérifie pas cette condition.

(3, 3, 3, 3, 6)

(3, 3, 3, 4, 4)

(3, 3, 4, 3, 4)

(3, 4, 6, 4)

(3, 6, 3, 6)

(3, 12, 12)

(4, 6, 12)

(4, 8, 8)

Zoo mathématique